新犬種
コンパクト図鑑

新犬種
コンパクト図鑑

ブルース・フォーグル／著
福山英也／監修

Original Title: Dogalog
Text Copyright ©1995 Dr. Bruce Fogle
Copyright ©Dorling Kindersley Limited,2002,2013
A Penguin Random House Company

Japanese translation rights arranged with
Dorling Kindersley Limited,London
through Fortuna Co., Ltd. Tokyo.

For sale in Japanese territory only.

Printed and bound in China

For the curious
www.dk.com

DK 社より出版された Dogalog の日本語の翻訳・出版権は、
株式会社緑書房が独占的にその権利を保有する。

CONTENTS

序文
犬種改良 7
犬種欄の解説 10
毛色一覧 12

古代犬 14
カナーン・ドッグ 16　バセンジー 18
スタンダード・メキシカン・ヘアレス 20
ファラオ・ハウンド 22　イビザン・ハウンド 24

視覚ハウンド 26
グレイハウンド 28　イタリアン・グレイハウンド 30
ホイペット 32　ラーチャー 34
ディアハウンド 36
アイリッシュ・ウルフハウンド 38　ボルゾイ 40
アフガン・ハウンド 42　サルーキ 44
スローギー 46

嗅覚ハウンド 48
ブラッドハウンド 50　バセット・ハウンド 52
グラン・ブルー・ド・ガスコーニュ 54
バセー・ブルー・ド・ガスコーニュ 56
グラン・バセー・グリフォン・ヴァンデオン 58
プチ・バセー・グリフォン・ヴァンデオン 60
バセー・フォーヴ・ド・ブルターニュ 62
イングリッシュ・フォックスハウンド 64
ハリアー 66　オッターハウンド 68
ビーグル 70　アメリカン・フォックスハウンド 72
ブラック・アンド・タン・クーンハウンド 74
プラットハウンド 76
ハミルトンシュトーヴァレ 78
セグージョ・イタリアーノ 80
バヴェリアン・マウンテン・ハウンド 82
ローデシアン・リッジバック 84

スピッツ・タイプの犬 86
アラスカン・マラミュート 88
カナディアン・エスキモー犬 90
シベリアン・ハスキー 92　サモエド 94
日本スピッツ 96　アキタ犬 98　柴犬 100
チャウチャウ 102　フィニッシュ・スピッツ 104

フィニッシュ・ラップフンド 106
スウィーディッシュ・ラップフンド 108
ノルウェジアン・ビュードッグ 110
ノルウェジアン・エルクハウンド 112
ルンデ 114　ジャーマン・スピッツ 116
ポメラニアン 118　パピヨン 120
シッパーキ 122　キースホンド 124

テリア犬種 126
レークランド・テリア 128
ウェルシュ・テリア 130
エアデール・テリア 132　ヨークシャー・テリア 134
オーストラリアン・シルキー・テリア 136
オーストラリアン・テリア 138
アイリッシュ・テリア 140
ケリー・ブルー・テリア 142
ソフトコーテッド・ウィートン・テリア 144
グレン・オブ・イマール・テリア 146
ノーフォーク・テリア 148　ノーリッチ・テリア 150
ボーダー・テリア 152　ケアン・テリア 154
ウエスト・ハイランド・ホワイト・テリア 156
スカイ・テリア 158　スコティッシュ・テリア 160
ダンディ・ディンモント・テリア 162
ベドリントン・テリア 164　シーリハム・テリア 166
スムース・フォックス・テリア 168
ワイアー・フォックス・テリア 170
パーソン・ラッセル・テリア 172
ジャック・ラッセル・テリア 174
マンチェスター・テリア 176
イングリッシュ・トイ・テリア 178
ブル・テリア 180
スタッフォードシャー・ブル・テリア 182
アメリカン・スタッフォードシャー・テリア 184
ボストン・テリア 186
アメリカン・トイ・テリア 188
ミニチュア・ピンシャー 190
ジャーマン・ピンシャー 192
アッフェンピンシャー 194
ミニチュア・シュナウザー 196　ダックスフンド 198
チェスキー・テリア 202
グリフォン・ブリュッセル 204

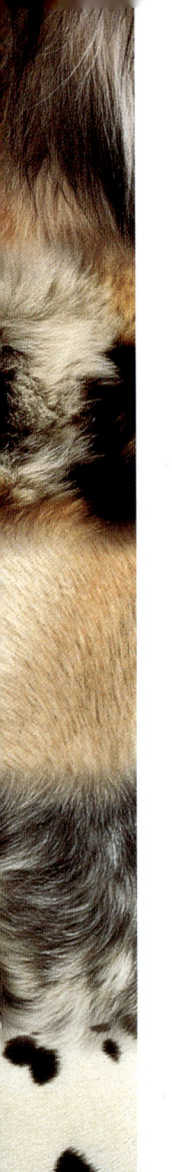

ガンドッグ 206

ハンガリアン・プーリー 208
スタンダード・プードル 210
ポーチュギース・ウォーター・ドッグ 212
スパニッシュ・ウォーター・ドッグ 214
アイリッシュ・ウォーター・スパニエル 216
カーリーコーテッド・レトリーバー 218
フラットコーテッド・レトリーバー 220
ラブラドール・レトリーバー 222
ゴールデン・レトリーバー 224
ノヴァ・スコシア・ダック・トーリング・レトリーバー 226
コイケルホンド 228
チェサピーク・ベイ・レトリーバー 230
アメリカン・ウォーター・スパニエル 232
イングリッシュ・スプリンガー・スパニエル 234
ウェルシュ・スプリンガー・スパニエル 236
イングリッシュ・コッカー・スパニエル 238
アメリカン・コッカー・スパニエル 240
フィールド・スパニエル 242
サセックス・スパニエル 244
クランバー・スパニエル 246　ブリタニー 248
イングリッシュ・セッター 250
ゴードン・セッター 252　アイリッシュ・セッター 254
アイリッシュ・レッド・アンド・ホワイト・セッター 256
イングリッシュ・ポインター 258
ジャーマン・ポインター 260
大型ミュンスターレンダー 264
チェスキー・フォーセク 266
ワイアーヘアード・ポインティング・グリフォン 268
ハンガリアン・ヴィズラ 270　ワイマラナー 272
ブラッコ・イタリアーノ 274
イタリアン・スピノーネ 276

牧畜犬と護衛犬 278

ジャーマン・シェパード・ドッグ 280
グローネンダール 282　ラークノア 284
マリノワ 286　タービュレン 288
ボーダー・コリー 290　ラフ・コリー 292
スムース・コリー 294
シェットランド・シープドッグ 296
ビアデッド・コリー 298
オールド・イングリッシュ・シープドッグ 300
カーディガン・ウェルシュ・コーギー 302
ペンブローク・ウェルシュ・コーギー 304
ランカシャー・ヒーラー 306
スウィーディッシュ・ヴァルハウンド 308
オーストラリアン・キャトル・ドッグ 310
オーストラリアン・シェパード 312
マレマ・シープドッグ 314
アナトリアン・シェパード・ドッグ 316
コモンドール 318　ハンガリアン・クーバース 320
ポーリッシュ・ローランド・シープドッグ 322
ブリアード 324　ボースロン 326
ブービエ・デ・フランダース 328　ベルガマスコ 330
ポーチュギース・シープ・ドッグ 332
エストレラ・マウンテンドッグ 334
ピレニアン・マウンテンドッグ 336
ピレニアン・シープドッグ 338
バーニーズ・マウンテンドッグ 340
グレート・スイス・マウンテンドッグ 342
セント・バーナード 344　レオンベルガー 346
ニューファンドランド 348　ホフヴァルト 350
ロットワイラー 352　ドーベルマン 354
シュナウザー 356
ジャイアント・シュナウザー 358
マスティフ 360　ドグ・ド・ボルドー 362
ナポリタン・マスティフ 364
チベタン・マスティフ 366　ブルドッグ 368
ブル・マスティフ 370　ボクサー 372
グレート・デーン 374　シャー・ペイ 376

コンパニオン・ドッグ 378

ビション・フリーゼ 380　マルチーズ 382
ボロネーゼ 384　ハバネーゼ 386
コトン・ド・チュレアール 388　ローシェン 390
ラサ・アプソ 392　シー・ズー 394
ペキニーズ 396　狆 398
チベタン・スパニエル 400　チベタン・テリア 402
チャイニーズ・クレステッド 404　パグ 406
キング・チャールズ・スパニエル 408
キャバリア・キング・チャールズ・スパニエル 410
チワワ 412　フレンチ・ブルドッグ 414
プードル 416　ダルメシアン 420

無作為繁殖犬 422

索引 424

犬種改良

　犬種のさまざまな体形、サイズ、毛色、コート、気性などは、その犬が脈々と祖先から受け継いで環境に順応してきた証であるばかりでなく、優れた熟練ブリーダーが何千年も前に下した明断な識見の証でもあります。主な犬種改良といえば、サイズの小型化及び大型化、スピード、嗅覚追跡、牧羊能力、社交性、友好性、依存性の強化などが挙げられますが、それらはすべて少なくとも5000年前に選択されました。後に、獲物の位置をポイントしたり、姿勢を低くしてその場所を指示したり、主人がしとめた獲物を探して持ってきたりするような、「抑制」の習性が新しい犬の使用方法を生み出します。今日、犬の大部分は仕事というよりもケネルクラブの標準に合わせて飼育されているため、現代の犬種はつい一時代前の祖先とも違う外貌をしているのです。

体形と習性

　古代、群を抜いて成功したブリーダーたちは、実利を目的として犬を繁殖しました。番犬用に吠えるよう改良された犬もいれば、囲いから家畜が逃げ出さないようにしたり、野獣からその群れを守ったりするよう育てられた犬もいました。遺伝学の知識もないブリーダーたちは、同じ条件を持った犬を交配することによって、ある一定の体形と習性の強化を図りました。大型の雄犬と雌犬をかけ合わせてさらに大型の犬をつくり、吠えて危険を知らせる2頭を交配し、番犬の機能を高めました。特定の目的のための選択改良で、ある一定の体形が出現し始めます。

　北欧や高山地帯の犬はふさふさと密生した被毛で体を保護し、中東、北アフリカ、インド、東南アジアの犬は熱がほとんどこもらないような短毛です。天候や地形による変異は、犬種改良によって起こった変異と並んで、同じ外貌と性能を持った犬種を生み出しました。しかし、体形や外貌の犬種改良を押し進めたのは「余暇」の発達でした。

　諸国の王などの支配者達は余暇に狩りを楽しみ、猟犬を自慢し合ってい

ブラッドハウンド

カーディガン・
ウェルシュ・コーギー

ました。依然、犬の狩猟の才を伸ばす一方で、外貌にも気を配るようになります。当時、支配者やその宮廷が臣民の中でも裕福な者たちの流行を決めていたので、王室が犬の外貌や気性の改良を手懸け始めると、地主や貴族たちも後に続きました。アジアやヨーロッパ、とりわけ中国、日本、フランス、スペイン、イタリアなどの宮廷婦人たちの多くが伴侶として小さな犬を飼ったため、被毛の手触り、毛色、サイズ、愛らしい性格に改良の手が加えられていきました。

ケネルクラブの役割

　18世紀中期には、ヨーロッパ中の金持ちはこぞって選択改良された犬を所有するようになります。最初のドッグ・ショーでは一連の犬種が紹介されましたが、まだ「犬種」という言葉の解釈さえ固まっていませんでした。1873年、イギリスにケネルクラブが誕生し、40犬種に分かれる4000以上の血統を登録した犬籍簿を作成します。1880年、ケネルクラブはクラブに登録されていない犬はクラブ主催のショーには出場できないと定め、ケネルクラブ公認の犬のグループを犬種と定義した結果、将来に渡る世界の選択改良に多大な影響を及ぼすことになりました。

　ケネルクラブは、機能によって犬を多様化した当初から、犬種改良の発展に最も影響を与えてきました。たとえば、かつて牡牛の首を攻撃し噛みつくよう改良されたイングリッシュ・ブルドッグは闘牛犬として活躍し、18世紀中期にこの「スポーツ」が禁止された後も、外貌に当時の面影を多少残していました。しかし、畜犬クラブの標準が頭部のサイズを強調したために、ショーで優勝しようとブルドッグの頭はますます大きく改良されていったのです。ついに大きくなりすぎて頭部が産道を通らず、帝王切開で出産せざるを得ないはめになります。また、コートの長さや手触りの犬種標準に適合するよう繁殖改良された犬種もいました。アフガン・ハウンドは以前独立独歩の山岳犬でしたが、豪奢なコートに恵まれた代わりに、ガゼルを追い回したり、オオカミを狩ったりする本能をまったく失ってしまいます。

思慮分別のある犬種改良

犬の原種とかけ離れた改良は時として短鼻、過剰な顔の皺、短くて曲がった足などの造作をいっそう強調します。自然に任せれば、独力で生き残る力を阻害する習性は、よりたくましい体の犬と競争できないため淘汰されてしまいます。しかし、選択改良では自然が短所としたことでも「好ましい」とする場合もあります。病気や不快を生む犬種標準への選択改良は非人道的で、そうした標準はどれも改められるべきでしょう。今日、多くのブリーダーたちは犬種改良の遺伝的性質に気づき、クラブは最悪の欠点をとり除く標準を再検討中です。中には健康を阻害する、有害な遺伝的特徴を持った犬種もいるかもしれません。こういった病因となる遺伝子を持つ犬同志を交配させた場合、子孫に病気が起こる恐れがあり、有能なブリーダーたちはこのような疾患を排除する選択改良を心がけています。

ケアン・テリア

犬種欄の解説

　ケネルクラブ（KC）と呼ばれる世界最初の畜犬協会は1800年代後半に設立され、さらにばらばらな犬種の分類方法を一本化しようと、国際的な団体であるFCI（国際畜犬連盟）が創設されました。FCIはすべての犬種に個別の学名を付けて、10のグループと多数のサブグループに分類しました。

　畜犬クラブにはそれぞれ独自の犬種標準を定義する権利がありますが、FCIに加盟しているクラブはすべてその標準をFCIの国際認定委員会に提出しなければなりません。国ごとに犬種標準がさまざまであった結果、各国まるで違った外貌をもたらす犬種をつくり出してきました。本書ではFCIの標準を基本としますが、各国の標準によるバリエーションもとり入れています。FCIの犬種分類法は複雑を極めるため、血統や体形、あるいは習性にもとづく簡素化された方法が用いられているのです。古代犬、視覚追跡犬、嗅覚追跡犬、スピッツ・タイプ、テリア、銃猟犬、牧羊犬、コンパニオン・ドッグという8種の分類は任意で、犬種によってはふたつのタイプの交配種であることが特に明らかであれば、厳密にはこれ以外のグループに分類される場合もあると思われます。

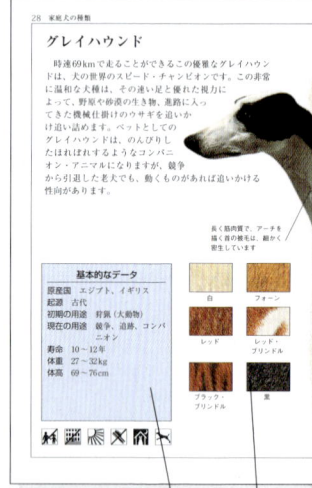

起源、用途、寿命、別名、体重、体高（首の後ろの、肩の最も高い部分が基準）など基本的なデータ

犬種の毛色の説明

頭部の説明と
写真

犬種の起源、発展、用途
の歴史

犬種の歴史

4900年ほど前のエジプトの墓地から出土した彫刻が、この犬種が古代にさかのぼる証拠です。その後スペイン、中国、ペルシアなどに渡ったグレイハウンドは、イギリスで現在のような形態に改良されました。グレイハウンドという名前は、古サクソン語で「みごとな」「美しい」を意味する「グレイ（grei）」から出ています。

一般的な犬種名、体の特徴、目的、歴史、行動

スコティッシュ・テリア

がっしりとたくましい体格をした、おとなしく内気ともいえるこの犬は、いつの時代にも、グレート・ブリテンよりむしろアメリカで人気がありました。アメリカ大統領のフランクリン・デラノ・ルーズベルトは、よく愛したスコティッシュ・テリアのファラを連れて旅をしました。またウォルト・ディズニーは映画「わんわん物語」の中で、この犬種の紳士的なイメージを不朽のものにしました。体格は、地面の下の穴にもぐって小型の哺乳動物を追跡するのに適していますが、主にコンパニオンとして飼われています。内気でやや人になつきにくいところがあるこの犬は、優れた番犬になります。

犬種の歴史

今日のスコッティの祖先は、おそらくスコットランドのウェスタン・アイルズの土着犬です。これらの犬が、1800年代の半ばに、アバディーンで選択改良されました。

基本的なデータ
原産国　グレート・ブリテン
起源　1800年代
初期の用途　小型哺乳動物の猟
現在の用途　コンパニオン
寿命　13～14年
別名　アバディーン・テリア
体重　8.5～10.5kg
体高　25～28cm

犬種の特性を表す記号
（本書袖の説明を参照）

体の形や構造の
細かい説明

犬種の健全な例

毛色一覧

　毛色はじつにさまざまなので、時として眼に映る色を一言でいい表せない場合があります。本書はマスごとにひとつの色のグループを表現しています。付記の表示ではスペースの許す限り、犬種に起こり得る毛色を仔細に説明しました。レッド・タンはレッドまたはタン、ブラック・タンは黒とタン、イエロー・レッドはイエローがかったレッドを意味します。以下はマスごとの色の一覧です。また、特定の犬種に特有の用語もあります。

さまざまな毛色
雑色または6色以上の多彩な毛色、または
どの色でもよい毛色を表わす不定色

長毛	短毛		長毛	短毛

クリーム　　　　　　　　　　　　　　　**レッド**
白、アイボリー、ブロンド、　　　　　レッド、ターニー、リッチ・チェストナット、
レモン、セーブルのような淡色を含む　　オレンジ・ローン、チェストナット・ローンを含む

グレイ　　　　　　　　　　　　　　　**レバー**
シルバーからブルー・ブラック・グレーや　　赤みがかった褐色とシナモンの
グレーまでのあらゆる色調を含む　　　　　色調を含む

ゴールド　　　　　　　　　　　　　　**ブルー**
ラセット・ゴールド、フォーン、アプリコット、　マール（ブルー・グレー）とまだら模様の
ウィートン、ターニーを含む　　　　　　　ブルー（黒ぶち）を含む

長毛	短毛		長毛	短毛

暗褐色 / レバー&白

濃い赤褐色、黒みがかった褐色を含む / 銃猟犬によく見られる毛色

黒　　　　　　　　　　　　タン&白

ピュア・ブラックの毛色の犬種もいるが、
年と共に口吻の周りがグレー味を帯びてくる　　　ハウンドに多く見られる混合色

黒&タン　　　　　　　　　　黒&白

はっきりとコントラストを成す色調　　　　白ぶちの黒またはまだら

青みがかったタンブチ　　　　黒&タン&白

ブルー&ブリンドル、青みがかった
黒&タンを含む　　　　　　　　トライカラーとも呼ぶ

レバー&タン　　　　　　　レッド・ブリンドル

赤っぽい2色の色調の組合せ　　　オレンジまたは濃い赤褐色のまだら

ゴールド&白　　　　　　ブラック・ブリンドル

レモン、ゴールド、または　　　グレー、黒の混合色である
オレンジのぶちのある白を含む　　「ペッパー&ソルト」を含む

くるみ色がかった赤&白

オレンジ、フォーン、レッド、チェストナット
と白の混合色を含む

古代犬

「古代」というのはインディアン・プレーン・オオカミ（ケイナス・ルーパス・パリプス）が祖先である犬の小グループにつけられた任意の名称です。ディンゴ、ニューギニア・シンギング・ドッグなどは家畜化の初期段階か停止状態にあるため、純粋に古代犬といえるでしょう。しかし、メキシカン・ヘアレスやバセンジーは同じ祖先の血を引きながら人間による犬種改良でかなり変貌を遂げています。

最初の移動

専門家によると、1万年から1万5000年前にかけて南西アジアから流浪の民がパリア・ドッグを引き連れて世界に散らばっていきました。そして遅くとも5000年前、移動や貿易により中東や北アフリカに犬がやってきたのです。公認された犬種の中で一番古いとされるファラオ・ハウンドは、古代エジプト王であるファラオの墓を美しく飾る犬で、フェニシアン・ハウンドとして知られる犬種の子孫だろうと考えられています。フェニキア商人たちは地中海一帯での犬の取り引きをし、数々の犬種を紹介しました。現在のカナーン・ドッグ、キルネコ・デルエトナ、イビザン・ハウンドなどがその例です。

初期の進化

ついに犬はアフリカの中心部にまで達しました。今日ではバセンジーのみが古代アフリカ犬と一般に認められていますが、最近まで類似した犬種がたくさん存在しました。西方に移動したパリア・ドッグがいる一方で、人間について東方に移動していった犬もいます。陸橋を横断し、現在のベーリング海峡を越えてアメリカにやってきた人間は何頭もの犬を引き連れていました。そうしてやってきたアジアのパリア・ドッグは北米のオオカミと交配します。しかし化石をたどると純血種ではっきりとディンゴに似た犬はまず北米の南西部、現在のアリゾナに移動し、ついで南東部の今でいうジョージアとサウス・カロライナ州へと移動していったようです。これに対し、中南米の犬種の起源は必ずしもはっきりせず、メキシコやペルー原産の犬は移動や貿易の結果、南極へ運ばれたアジアのパリア・ドッグの無毛種の子孫ではないかともいわれていますが、近年ヨーロッパ商人の手で中南米へ運ばれたアフリカのパリア・ドッグの子孫の可能性も否定できません。もし後者の場合、メキシカン・ヘアレスやペルーヴィアン・インカ・オーキッドはカロライナ・ドッグよりもアフリカン・バセンジーに近い血統といえるでしょう。

カナーン・ドッグ

古代犬　15

バセンジー

用の犬を保存していました。これは太平洋を渡って運ばれてきたおおかたの古代犬たちの身に降りかかった哀れな運命だったのです。一時期、ニュージーランドのマオリ族は飼っているクーリー・ドッグを生け贄として神に捧げたりしましたが、番犬や伴侶犬としての価値も認めていました。

自然淘汰

古代犬の進化はある程度、家畜化と関連しています。自然淘汰の力で小型化した古代犬は祖先のインディアン・オオカミほどには大きくありません。人間の集落の周りで犬の数が増すと、餌が少なくて済む小型犬の方が生き残りやすかったのです。パリア・ドッグは服従訓練しやすい犬種で、常に警戒を怠らず、むしろ超然としています。中には人間の手が入りはじめた初期段階のまま、強化された視覚嗅覚能力、力、友好的で社交的な性格といった選択改良された習性が欠けているものもいます。

オーストラリアの犬種

東南アジアから南下してきたディンゴがオーストラリアにたどり着いたのはほんの4000年前のことで、ファラオ・ハウンドがエジプトで珍重されてから少なくとも1000年は経っていました。オーストラリアの有袋動物に寄生して成長した寄生虫がアジアの野生犬にも寄生していることから見ても、ディンゴの相互貿易がオーストラリアとアジアの間で行われていたことが分かります。ディンゴはオーストラリアのブッシュに潜む有袋動物を捕獲するために連れてこられ、船乗りたちと一緒に行ったりきたりしていたようです。ニュー・ギニアで発見された最古の犬の化石はたった2000年しか経っておらず、比較的最近になって犬が島にたどり着いたことを物語っています。犬を崇める種族もあれば、食糧とだけしか見ない種族もありました。オロカイヴァ族とエルマ族はどちらも犬の狩猟や防護能力を珍重しましたが、重要な儀式のため特別に食

スタンダード・メキシカン・ヘアレス

カナーン・ドッグ

　カナーン・ドッグは本来ベドウィン族に飼われ、ネゲヴ砂漠で牧羊犬や番犬として働いていました。30年代に育成された現在の犬種は並外れて多才であることが分かっています。第二次世界大戦中、多数のカナーンが地雷探知犬として訓練され、戦後も盲導犬として活躍しました。また現在では牧羊、見張り、追跡、捜索、人命救助用として働いています。多少社会性に欠けたところがありますが、コンパニオン・ドッグとしても優秀です。原産国で人気が増すにつれ、今やアメリカにも普及してきました。

警戒している時はくるりと背中に巻くふさふさした尾

適度な厚みの胸部を持つ強靭な体躯

古代犬 17

犬種の歴史

もともとパリアであったカナーン・ドッグは何世紀もの間、中東に生息していました。30年代、イスラエルの犬の権威であったドクター・ルドルフィナ・メンツェルがエルサレムで選択改良の計画を指揮し、今日の多才で利用価値の高い犬種を生み出したのです。

基本的なデータ

原産国	イスラエル
起源	古代
初期の用途	パリア・ドッグ（腐食動物）
現在の用途	牧羊犬、番犬、追跡犬、捜索犬、人命救助犬、コンパニオン・ドッグ
寿命	12〜13年
別名	ケレフ・クナーム
体重	16〜25kg
体高	48〜61cm

広いつけ根と丸みを帯びた先端で、低い位置につく立ち耳

黒くてごくわずかに目尻の上がった眼

白　薄茶色　褐色　黒

バセンジー

　この物静かで優美な犬は、温暖な気候の中で進化しました。タン・カラーでカモフラージュし、アンダーコートの白、耳の上の短い被毛、そして体全体が熱から身を守る助けをしているのです。以上の要素に加え、獲物を追跡する時に鳴き声を立てないため有能な狩猟犬とみなされています。大部分の犬種は発情期が年2回ありますが、バセンジーはオオカミと一緒で1回しかありません。また、オオカミと同様、滅多に吠えることもない代わりに、アルプスのヨーデルのような奇怪な鳴き声で遠吠えをします。人間には従順です。左に示されている色のほかにブリンドル・バセンジーも存在します。

非常に長い筋肉質の首。突起した首筋

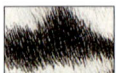
黒／白

タン／白

馬のトロットのように自在に動く、長くて細い四肢

黒

基本的なデータ

原産国　中央アフリカ
起源　古代
初期の用途　狩猟犬
現在の用途　コンパニオン
寿命　12年
別名　コンゴ・ドッグ
体重　9.5〜11kg
体高　41〜43cm

古代犬 19

犬種の歴史

正確な起源は謎ですが、バセンジーとそっくりな犬が第4王朝のエジプトの墓に描かれています。現在のバセンジーは30年代にザイールからやってきた犬の子孫です。

かなり目立ち、よく動く尖った立ち耳

酷暑地帯では大事な、熱の放射を促す短いアンダーコート

リング状に巻き、体にくっつく尾

スタンダード・メキシカン・ヘアレス

　この犬種がどうやってメキシコに到着したのかという謎は、おそらく解けないでしょう。無毛犬と思われる像が、アステカの廃墟から出ていますが、それは他に何種類かいた原産の哺乳類の像と見なすほうがよさそうです。アステカ人はある時期、樹脂を使ってギニア豚から毛をとり除き、食料にも湯たんぽにもなる赤裸の生き物をつくっていたようです。敏捷で活発で情愛深いこの犬種は、古代アフリカのパリア犬やヨーロッパ・テリアとしばしば比較されます。肉体的構造は古典的な視覚ハウンドを忍ばせますが、性格はフォックス・テリアによく似ています。

犬種の歴史
　多くの文献には、この無毛種は1500年代初頭のスペイン人征服時に、メキシコに生息していたとあります。おそらくスペインの貿易商が中央アメリカ及び南アメリカに持ち込んだものでしょう。

古代犬 21

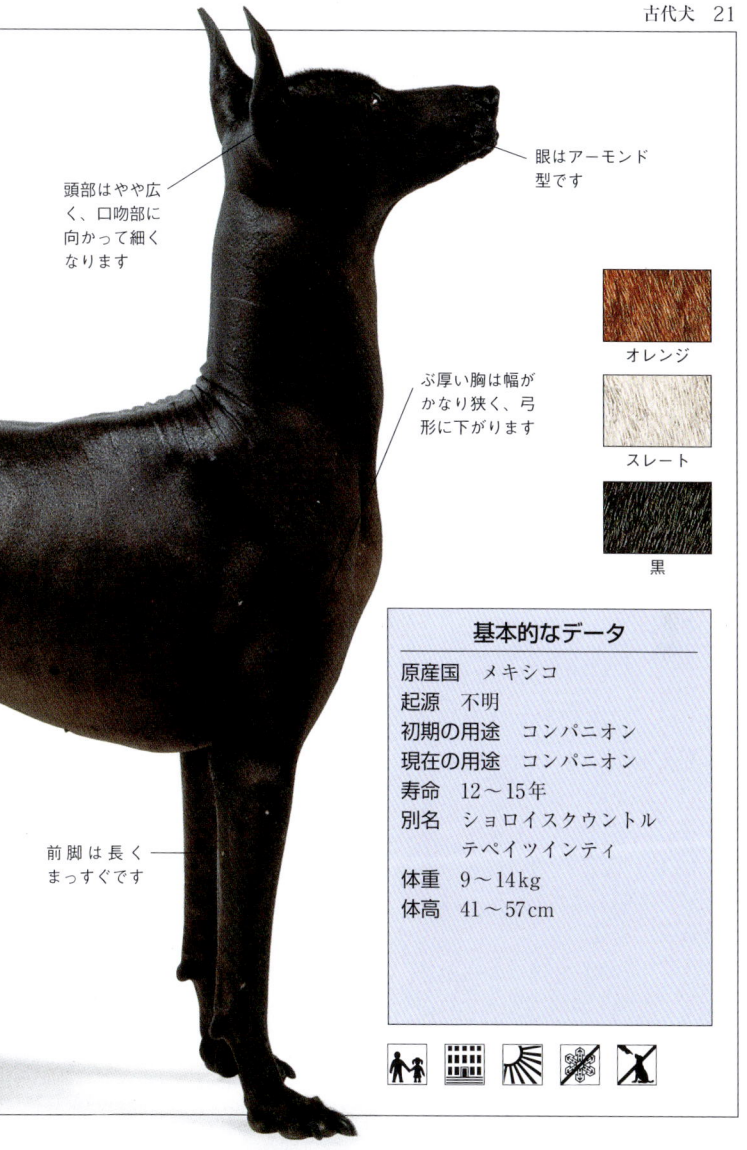

頭部はやや広く、口吻部に向かって細くなります

眼はアーモンド型です

ぶ厚い胸は幅がかなり狭く、弓形に下がります

オレンジ

スレート

黒

前脚は長くまっすぐです

基本的なデータ

原産国　メキシコ
起源　不明
初期の用途　コンパニオン
現在の用途　コンパニオン
寿命　12〜15年
別名　ショロイスクウントル
　　　テペイツインティ
体重　9〜14kg
体高　41〜57cm

ファラオ・ハウンド

　このファラオ・ハウンドとよく似た特徴を示す猟犬の遺骨が、少なくとも5000年前の中東で見つかっています。2000年前のローマ人によるエジプト侵入以来、その犬種はおそらくフェニキア人やカルタゴ人に取り引きされて、地中海沿岸一帯に広がりました。フランスやイタリア本土と比べて孤立した場所、つまりマルタ島・バレアレス諸島及びシチリア島で、特徴的な犬種として生き残ってきたのがこの犬です。鮮やかな赤毛と1960年代のブリーダーたちの再発見のお蔭で、ファラオ・ハウンドはすっきりとした外見を今も保っており、「エジプシャン・ハウンド」の末裔の中では最も人気の高い犬になりました。視力のみを頼りに狩りをするグレイハウンドと違い、ファラオ・ハウンドは狩りで視覚も聴覚も嗅覚も使います。

基本的なデータ

原産国	マルタ
起源	古代
初期の用途	視覚、嗅覚、聴覚ハウンド
現在の用途	コンパニオン、猟犬
寿命	12〜14年
別名	ケルブタル・フィウィク（ラビット・ドッグ）
体重	20〜25kg
体高	53〜64cm

肩は十分にくつろいでいます

短く、光沢があり、やや荒い被毛は、少々手入れが必要です

先の白い足は強くしっかりしています。パッドと爪は明色です

犬種の歴史

エレガントで高貴なファラオ・ハウンドは、おそらくアラビア半島に生息していた小型でしなやかなオオカミの末裔です。およそ2000年前に、フェニキアの貿易商がマルタ島とゴーゾ島に持ち込みました。そこは孤立しているので、この犬の純粋な形質が今も残っています。

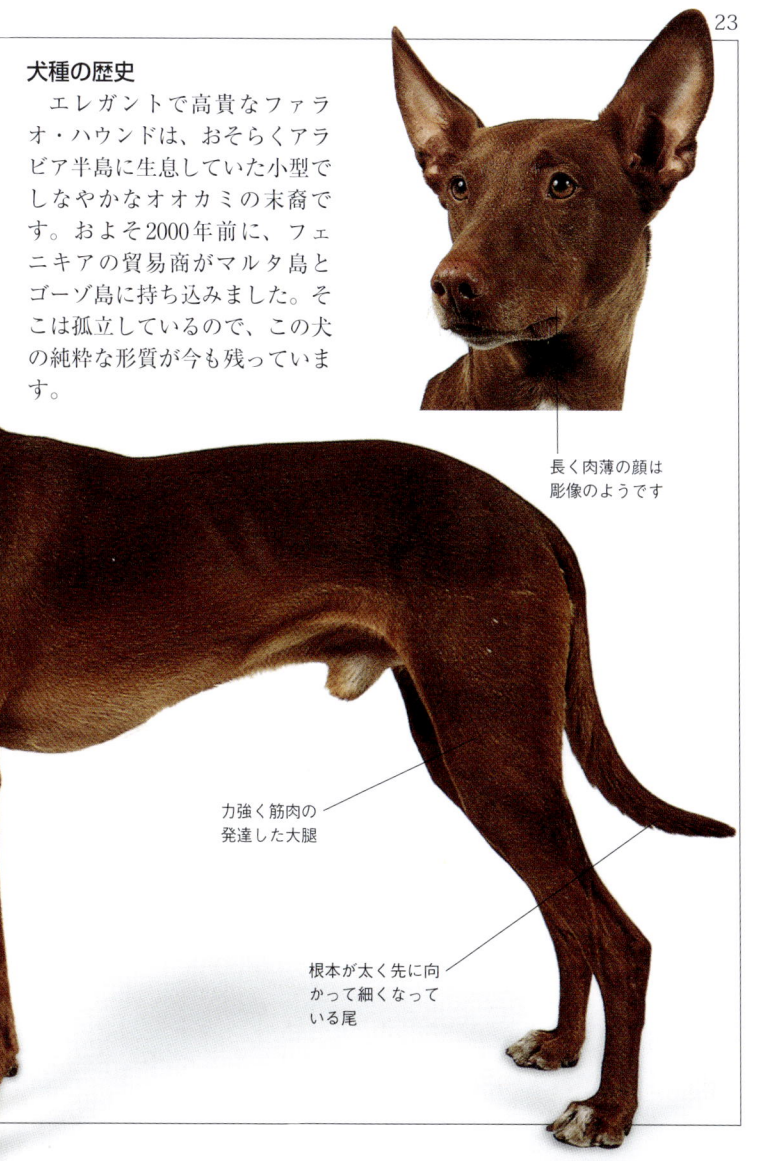

長く肉薄の顔は彫像のようです

力強く筋肉の発達した大腿

根本が太く先に向かって細くなっている尾

イビザン・ハウンド

　イビザン・ハウンドは、ワイアーヘアード、スムースヘアード、ロングヘアードがあり、毛色もさまざまです。バレアレス諸島にあるイビザ島にちなんで名づけられたこの種は、大昔にスペイン本土に広がり、銃猟犬として、またウサギ追いに使われました。飼い主には情愛深く平静ですが、知らない人には神経質です。

白

フォーン

フォーン／白

レッド

レッド／白

長く上が平らな、漏斗型の頭についた大きな耳は、狩りで役立ちます

切り立ったやや短い肩は、長くまっすぐな脚の真上にあります

肌色の鼻は、具合が悪いとすぐ分かります

基本的なデータ	
原産国	バレアレス諸島
起源	古代
初期の用途	視覚、嗅覚、聴覚ハウンド
現在の用途	コンパニオン、レトリーバー
寿命	12年
別名	バレアリック・ドッグ カ・イビセンク ポデンコ・イビセンコ
体重	19〜25kg
体高	56〜74cm

犬種の歴史

　このイビザン・ハウンドは数千年昔、交易によって地中海諸島にもたらされました。フランス地中海沿岸に渡ったものは、シャーニックとして知られています。

力強く肉薄の腿は、一気にスピードを上げるのに適しています

はっきりアーチ型の趾に、淡色の爪がついています

尾は長く、低く保たれています

視覚ハウンド

　スピードを求め、獲物を追って矢のように走るための空気力学的な体格を追求した結果、視覚ハウンドはどれも一様に体高が高く、体長が長く、細身で、しなやかな走狗になりました。彼らは数千年前の選択的改良の産物ではありますが、洗練度は現在のどの改良種にも引けをとりません。イビザン・ハウンドやファラオ・ハウンドのように、原始犬にごく近い種であることが明白な犬種もあり、彼らと古代種との区別は厳密には恣意的です。視覚ハウンドはすべて西南アジアが原産です。

起源

　アラビアは記録に残る最古の視覚ハウンドの宝庫でした。サルーキとスローギーは砂漠のガゼルよりも速く走ることができるように、少なくともここで5000年以上改良が続いている犬種です。かつての古代ペルシアでは、流線型をしたサルーキが16変種存在していました。

　原産地であるアフガニスタンで、アフガン・ハウンドはもともとは、昼は砂漠ギツネやガゼルを捕り、夜はテントの番をしていました。

歴史的影響

　ロシアで最も人気がある、あの独特な視覚ハウンド、"エレガント"ボルゾイは、帝政時代はさまざまな形態が存在していました。ロシアのブリーダーたちは目下、ボルゾイの失われた多くの変種が再生されるのを待望しています。

　視覚ハウンドはもっと南、インドでかつて繁栄しました。こうした力強い、脚の目立つハウンド族は、ジャッカルや野ウサギを追うために改良された犬種です。

　視覚ハウンドを地中海沿岸のヨーロッパ及びアフリカに持ち込んだのは、おそらくフェニキアの貿易商人だと考えられています。グレイハウンドが（おそらくスペインのブリーダーにより）小型の視覚ハウンドに改良されたものに、イタリアン・グレイハウンドがあります。この犬種はコンパニオンとして飼われています。

王室との関係

　およそ2500年前、視覚ハウンドをイギリスに持ち込んだのは、錫を交易するフェニキア商人だと考えられています。イギリスでは選択交配、及びマスティフ種との交配の結果、筋肉質で忍耐強く力強いアイリッシュ・ウルフハウンドがつくり出され、視覚ハウンドの頂点に立ちました。同様に、被毛につやのあるスコッティッシュ・ディアハウンドが生まれ、スコットランド高地族長の視覚ハウンドとして最高位に登りました。今日の犬のサラブレッド、競争牛たるイングリッシュ・グレイハウンドは、ウサギやキツネを追わせるためにケルト人がイギリスに持ち込んだものかもし

イタリアン・グレイハウンド

視覚ハウンド 27

れません。時代が下ってホイペットは、労働者の視覚ハウンドとして飼われていましたが、同様な用途を持ち現在も使役されている犬種にラーチャーがあります。アジア・ヨーロッパ以外の視覚ハウンド族に含まれる犬種はわずかです。

視覚を使って狩りをする

　現在、たくさんの視覚ハウンドがもっぱらコンパニオンとして飼われていますが、かつては皆、主に視覚を用いて狩り（獲物の動きを見通し、追いかけ、捕え、殺す）をする犬でした。イスラム原理主義社会では、犬は忌み嫌われていたにもかかわらず、視覚ハウンドだけはこのタブーから除外されていました。これはおそらく、人とその飼い犬である視覚ハウンドとの関係がイスラム教発祥より前に成立していたことが理由です。

　視覚ハウンドは運動が生きがいなため、広い場所に定期的に連れ出す必要があります。気質は普通、温和で、大げさに感情を表すことはしません。あまり吠えず、通常、子供と一緒でも安心です。自然状態で飼えば優秀な番犬になる犬種もあります。本来の性向として、縄張り意識はたいして強くありません。視覚ハウンドはすべて、小動物を見ると追いかける強い本能を持っています。

スローギー

アフガン・ハウンド

グレイハウンド

　時速69kmで走ることができるこの優雅なグレイハウンドは、犬の世界のスピード・チャンピオンです。この非常に温和な犬種は、その速い足と優れた視力によって、野原や砂漠の生き物、進路に入ってきた機械仕掛けのウサギを追いかけ追い詰めます。ペットとしてのグレイハウンドは、のんびりしたほれぼれするようなコンパニオン・アニマルになりますが、競争から引退した老犬でも、動くものがあれば追いかける性向があります。

長く筋肉質で、アーチを描く首の被毛は、細かく密生しています

基本的なデータ

原産国　エジプト、イギリス
起源　古代
初期の用途　狩猟（大動物）
現在の用途　競争、追跡、コンパニオン

寿命　10〜12年
体重　27〜32kg
体高　69〜76cm

白

フォーン

レッド

レッド・ブリンドル

ブラック・ブリンドル

黒

視覚ハウンド 29

犬種の歴史

4900年ほど前のエジプトの墓地から出土した彫刻が、この犬種が古代にさかのぼる証拠です。その後スペイン、中国、ペルシアなどに渡ったグレイハウンドは、イギリスで現在のような形態に改良されました。グレイハウンドという名前は、古サクソン語で「みごとな」「美しい」を意味する「グレイ（grei）」から出ています。

頭は長く、適度に幅があります。頭蓋のてっぺんは平らです

広い胸は心臓と肺を入れておくのに十分な空間を確保しています

長くまっすぐな前脚は骨がよく発達しています

イタリアン・グレイハウンド

　完璧な小型犬である、気どったイタリアン・グレイハウンドは、エジプトのファラオ、ローマ帝国の支配者、そしてヨーロッパ諸国の王や女王のコンパニオンを務めてきました。気質は少し内気ではにかみやですが、断固とした信念を持ち機知に富む犬でもあります。この育ちの良い犬種は気難しい人のコンパニオンに最適です。密生した滑らかな被毛は抜け毛が少なく匂いもほとんどしません。おっとりしており、自己主張も少ない犬ですが、安楽な生活を好みます。改良で骨が細くなった結果、形態的にもろい傾向があります。気立ての良さはどの家庭でも愛されます。

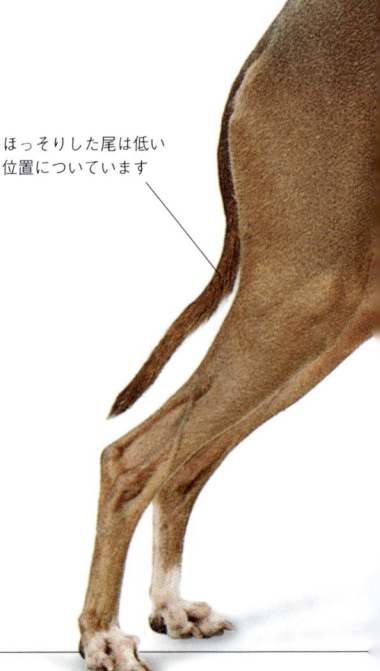

ほっそりした尾は低い位置についています

基本的なデータ

原産国　イタリア
起源　古代
初期の用途　コンパニオン
現在の用途　コンパニオン
寿命　13〜14年
別名　ピッコロ・レブリエリ
体重　3〜3.5kg
体高　33〜38cm

視覚ハウンド 31

犬種の歴史

この優美な犬種は古代ギリシアやエジプト時代までさかのぼることができます。完璧な小型の視覚ハウンドで、数千年前から標準サイズのグレイハウンドを小型化しつつコンパニオンとして飼われていたのは間違いありません。

小さく高い位置についた耳は、端が垂れています

大きな眼から頭頂と鼻の先まではほぼ同じ長さです

分厚い胸は耐久力を約束しますが、全肺活量を使うことはまずありません

短く細く滑らかな被毛は、薄くぴったりした皮膚を覆っています

クリーム　フォーン
ブルー　黒

ホイペット

　空気力学に適ったホイペットの形態デザインは競争に向いており、短距離では時速65kmも出すことが可能です。この犬種は「スナップ・ドッグ」と呼ばれていた時期がありましたが、おそらく鞭をひと振りする様子にたとえたものでしょう。姿も立ち居振る舞いも優雅な犬種で、ソファーに丸くなってくつろぐのが好きですが、野外では、たくましく、恐れを知らない優秀なハンターに変身します。この犬は温厚で情愛深く、しかも長生きです。被毛はほとんど手入れを必要としませんが、肌は薄く傷つきやすい傾向です。

明色の機敏な眼は、物静かで内気そうな様子です

さまざまな毛色

基本的なデータ

原産国　イギリス
起源　1800年代
初期の用途　追跡、競争
現在の用途　コンパニオン、追跡、競争
寿命　13～14年
体重　12.5～13.5kg
体高　43～51cm

犬種の歴史

　1800年代、イギリス北部ではウサギ追いが流行していました。この競技で用いられたのはテリア族ですが、もっと加速できるように、優秀な追跡者たるテリアと小型のグレイハウンドを交配してできたのが、今日の優雅なホイペットです。

長く肉薄の頭は、鼻に向かって細くなっています

筋肉質で、しっかりした骨に支えられた脚は、非常に薄い皮膚が覆っています

ラーチャー

　アイルランド、イギリス及びアメリカの他では存在するとしてもまれであり、この種特有の標準も確立されていないこのラーチャーは、原産地では今なおよく見かける犬です。歴史的には、グレイハウンドとコリーまたはテリアの交配種です。今日では種の改良はもっと系統的に行われ、この犬種がウサギ狩りで見せる有能さを固定するために、ラーチャー同士で交配しています。人に対して温和で、従順なコンパニオンになりますが、あり余る元気を発散させてやる必要があるために、都市生活には向きません。生まれつきのランナーで、小動物と見れば追いかけて殺します。

基本的なデータ

原産国　イギリス、アイルランド
起源　1600年代
初期の用途　ウサギ狩り
現在の用途　追跡、コンパニオン
寿命　13年
体重　27～32kg
体高　69～76cm

視覚ハウンド 35

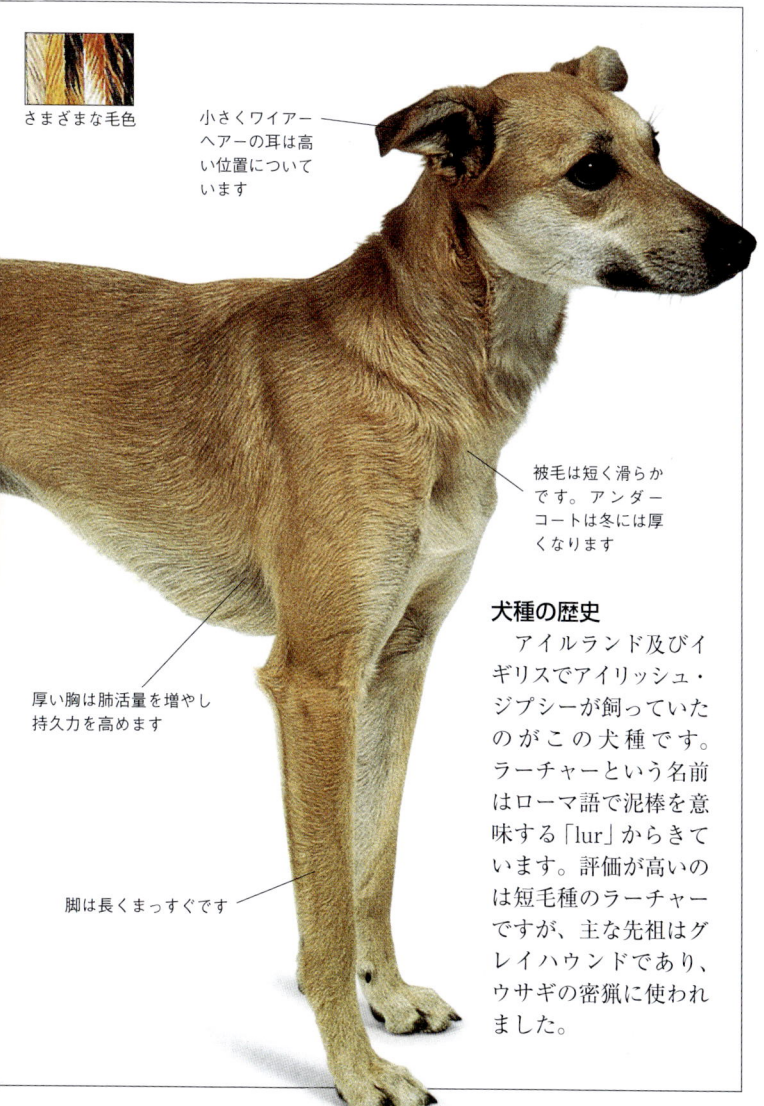

さまざまな毛色

小さくワイヤーヘアーの耳は高い位置についています

被毛は短く滑らかです。アンダーコートは冬には厚くなります

厚い胸は肺活量を増やし持久力を高めます

脚は長くまっすぐです

犬種の歴史

アイルランド及びイギリスでアイリッシュ・ジプシーが飼っていたのがこの犬種です。ラーチャーという名前はローマ語で泥棒を意味する「lur」からきています。評価が高いのは短毛種のラーチャーですが、主な先祖はグレイハウンドであり、ウサギの密猟に使われました。

ディアハウンド

　かつて、優美でもの静かなディアハウンドは、スコットランド貴族以外の所有が禁止されていました。スコットランド高地の森深くシカを追わせるため、ディアハウンドが改良されたのはこの時代です。1700年代初頭の森の衰退、銃の導入と機を同じくして、この犬種は人気を失いました。今日、この貴族的な犬が最も普及しているのは南アフリカで、スコットランドの生息数は極めて少なくなりました。外見はグレイハウンドに非常によく似ていますが、こちらの被毛は水を弾きます。気立てが良く、他の犬ともうまくやっていくことができます。

首は力強く、よく発達しています

足は小型で、ふさ毛が少ししかついていない脚から続いています。爪の間は短毛しか生えていません

視覚ハウンド 37

基本的なデータ

原産国　イギリス
起源　中世
初期の用途　シカ狩り
現在の用途　コンパニオン
寿命　11～12年
別名　スカティシュ・ディアハウンド
体重　36～45kg
体高　71～76cm

犬種の歴史

　記録によれば、この遠くを見るような風貌のディアハウンドの起源は中世であり、当時スコットランドの族長が狩りに使ったということです。1746年に起こった氏族制の崩壊は、種の存続を危うくさせました。後にこの種を再興したのは、地方のブリーダー、ダンカン・マクニールです。

フォーン

レッド

レッド・ブリンドル

ブルー・グレー

グレー

ブラック・ブリンドル

胴体の被毛はきめが荒く、腹部の毛より針金状です

アイリッシュ・ウルフハウンド

　最初ケルト人がオオカミ狩りに用いたこの威厳ある犬は、おそらくローマ人によってアイルランドに持ちこまれました。19世紀後半に、古代ウルフハウンドと血の近いストックを使ってみごとに再生されたのが現存種です。情愛深く忠実な今日のウルフハウンドは、コンパニオンとしても番犬としても最高です。しかし大型なため、飼うにはかなりの広さが必要であり、都市生活には適しません。

荒く硬いトップコートは特徴的なワイアー状で、眼の上と顎の下では長くなっています

筋肉質の脚と前腕は、まっすぐなたくましい骨で支えられています

視覚ハウンド 39

基本的なデータ
原産国　アイルランド
起源　古代，1800年代
初期の用途　オオカミ狩り
現在の用途　コンパニオン
寿命　11年
体重　40〜55kg
体高　71〜90cm

大腿は長くまっすぐで、グレイハウンドに似ています

さまざまな毛色

犬種の歴史

　約2000年前にアイルランドに生息していたこの気高い犬は、1800年代半ばに絶滅の危機にありましたが、英国軍将校のG.A.グレアム大尉によって再創造されました。

長い胴体に厚い胸

ボルゾイ

　ロシアにおける「ボルゾイ」という言葉は、視覚ハウンドの一般名称で、タズィー、タイガン、サウス・ラシャ・ステップ・ハウンド、及びホータイを含めて皆ボルゾイに分類しています。この犬種の大きさ、速さ、筋力、及び均整美は、優れたハンターとしてのものです。一時期、ロシア貴族の間でオオカミ狩りが流行しました。ボルゾイはほとんどのオオカミより足が速かったので、2頭1組でオオカミを追いかけ、獲物を耳の後ろで捕らえ、地面に押さえつけました。この種はロシア国外では1世紀近くコンパニオンとして厳密に養育されてきました。現在この種は狩りに対する関心と適性を失い、子供から老人まであらゆる年齢に温厚で従順なコンパニオンになっています。

さまざまな毛色

長いウサギ型の足の被毛は短く、ぺったり寝ています

視覚ハウンド 41

基本的なデータ

原産国　ロシア
起源　中世
初期の用途　オオカミ狩り
現在の用途　コンパニオン
寿命　11～13年
別名　ラシャ・ウルフハウンド
体重　35～48kg
体高　69～79cm

犬種の歴史

　最初ロシアで人間をオオカミから守るために改良されたボルゾイは、おそらくサルーキ、グレイハウンド、及びラシャ・シープドッグの肉薄種の血を引いていると考えられています。

楕円形の眼はかなり中央寄りについています

肩は胴体に接近しています

アフガン・ハウンド

　走る速さと共に、美しさ、優美さ、エレガンス、そして高貴さを兼ね備えた犬種はアフガン・ハウンド以外にはいません。西洋で、もっぱら機能よりは見映えを優先して改良されたため、アクセサリーや品評会には最高の犬であり、洗練された雰囲気をあらゆる場面に添えます。しかしアフガニスタンでは、この美しく繊細な犬は、今なお羊や山羊の番をし、キツネ狩りやオオカミ狩りに使われています。そのぶ厚く長い被毛は、北方山岳地帯の寒さから体を保護するものなのです。アフガン・ハウンドを飼う人は、この素晴らしい被毛を毎日、梳いてやる必要があります。さもないと、すぐにもつれてフェルトのようになってしまうからです。大抵の視覚ハウンド同様、この種も独立傾向が強く、子犬のうちから辛抱強く訓練し、注意深く扱う必要があります。

首の被毛は短く、背に張りついています

大きく強い足を、厚い被毛が覆っています

視覚ハウンド 43

犬種の歴史

この種がどうやって中東からアフガニスタンに渡ったのかは、はっきりしていません。現在存在している変種は3種あります。キルギス・タイガン（旧ソビエト連邦、現アフガニスタン）に似た短毛種、サルーキに似たふさ毛種、及び長く厚い被毛の種です。最後のものは、1907年に西洋で発見された純粋な山犬に似ています。

胸に生えた長い被毛は、大変きめが細かい毛です

ふさ毛がまばらに生えた尾は、低い位置につきます

さまざまな毛色

基本的なデータ

原産国　アフガニスタン
起源　古代、1600年代
初期の用途　狩猟（大動物）
現在の用途　コンパニオン、番犬、狩猟
寿命　12〜14年
別名　タズィ、バルーキ・ハウンド
体重　23〜27kg
体高　64〜74cm

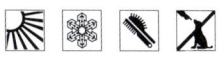

サルーキ

　イスラムの原理主義者にとって犬は不浄ですが、サルーキだけは特に神に許され、信者と一緒の家で暮らすことができました。ベドウィンの狩りは、訓練された鷹に急襲されてスピードの落ちた獲物を、サルーキが捕らえて罠に落とすというやり方でした。最初サルーキは狩りに行く際、足を焼けた砂から守るためにラクダに乗せて運ばれました。今日では車で運ばれることが多いです。

基本的なデータ

原産国	中東
起源	古代
以前の用途	ガゼル狩り
現在の用途	コンパニオン、ウサギ追い
寿命	12年
別名	アラビアン・ハウンド、ガゼル・ハウンド、ペルシアン・グレイハウンド
体重	14〜25kg
体高	58〜71cm

耳にはかなり長い毛が生えています

脚の筋肉発達はグレイハウンドより劣ります

視覚ハウンド 45

白がかった
クリーム

レッド・
ゴールデン

黒／タン

フォーン

トライカラー

犬種の歴史

　サルーキは、エジプトのファラオの墓石に刻まれた犬にとてもよく似ており、遊牧民ベドウィン部族の狩りのお伴をしていました。サルーキは一番長く選択交配が繰り返された種の可能性があります。

長く肉薄でまっすぐな骨に、薄い皮膚がついています

分厚い胸は耐久力のもとです

スローギー

　サルーキ同様スローギーも、原産地で家族同様に扱われており、死ぬと弔いを受けました。スローギーは形状と性質がサルーキにそっくりですが、こちらは短毛が密生しています。砂色と淡黄褐色の縞模様は、砂漠に住むガゼル、野ウサギ、フェネックのような動物を狩るのには絶好のカモフラージュです。生まれつき警戒心が強いため、見知らぬ人には攻撃的になります。家に子供と一緒にしておくのには向きません。神経質なので、静かな環境を好みます。

基本的なデータ

原産国　北アフリカ
起源　古代
初期の用途　番犬、狩猟
現在の用途　コンパニオン
寿命　12年
別名　アラビアン・グレイハウンド、スルーギ
体重　20〜27kg
体高　61〜72cm

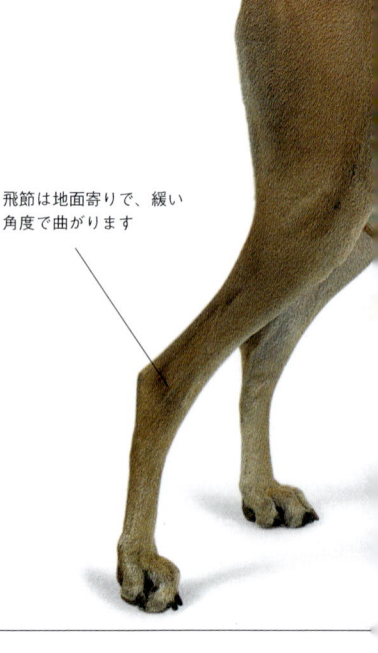

飛節は地面寄りで、緩い角度で曲がります

視覚ハウンド　47

犬種の歴史

スローギーはおそらく、1000年ほど前アラブ遊牧民族が北西アフリカに侵入した際に、サルグのイエメン人の町から一緒に連れてこられたと考えられています。

大きな黒い落ち着いた眼は、悲しそうな表情です

細く密生した短毛は、熱を保ちません

肋骨が大きいので、素晴らしい肺活量を持ちます

長く肉薄の足は、グレイハウンドより軽量です

嗅覚ハウンド

視覚ハウンドが狩りで視覚及び驚異的な脚の速さを頼りにするように、嗅覚ハウンドは鼻と底知れない耐久力で獲物を消耗させ追い詰めます。ブラッドハウンドの鼻腔粘膜は体表面積よりずっと広く、匂いの追跡に抜群の能力を発揮します。狩りでは犬は五感をすべて使っていますが、嗅覚ハウンドにとって聴覚はあまり重要ではありません。視覚ハウンドは声を出さずに獲物を追いますが、嗅覚ハウンドの狩りには決まりがあって、獲物が通った匂いを見つけると吠えたり唸り声を立てます。

狩りのお伴として

犬種改良で多彩な嗅覚ハウンドを生み出した地方といえばフランス中央部をおいて他にありません。数百もの嗅覚ハウンドの群れのその中には、個体数が1000頭を超える群れもありましたが、フランスのあちらこちらの公園や森で王侯の歓心を得るために狩りに従事していました。嗅覚ハウンドにはスムースヘアーのものもあればワイアーヘアーのものもあり、後者はグリフォン類です。他にバセット類と呼ばれるものは短脚で、ハンターが徒歩でついていくことができました。

フランスは他に、グラン・ブルー・ド・ガスコーニュのような大型犬も生み出しました。そのうち数種は、今は極めてまれか、絶えてしまいました。ハリアー類と呼ばれる小ぶりの狩猟犬(ノルマン語で狩りを意味する「Harier」からきています)も同時期に創出されました。また、バセー・ブルー・ド・ガスコーニュ、バセー・フォーヴ・ド・ブリュターニュ、グラン及びプチ・バセー・グリフォン・ヴァンデオンといったバセット類も、イギリスで流行していたバセット・ハウンドをもとにフランスでつくられました。イギリス貴族たちも定期的にフランス産嗅覚ハウンドを入手しており、同様にフランスのブリーダーも、たくさんのアングロ・フランセ嗅覚ハウンドを創出しましたが、その多くは今でも現存しています。嗅覚ハウンドの改良はすべて、見かけや慰安ではなく、狩りにおける機能を目的として行われてきました。こうした改良が最初に起こったのはフランスですが、嗅覚ハウンドを最高に洗練させ、バセット・ハウンド、ビーグル・フォックスハウンド、オッターハウンド、スタッグハウンド、及びハリアーと

アメリカン・フォックスハウンド

いう犬種を生み出したのはイギリスです。こうした犬種の子孫がアメリカに渡り、アメリカン・フォックスハウンド及びすべてのアメリカのクーンハウンド類を事実上生み出した遺伝子プールを形成しました。

特殊化した用途

　この嗅覚ハウンド族の遺伝子プールに、ドイツは多大な貢献をしています。ダックスフンドは矮小化した嗅覚ハウンドですが、攻撃的な気質と地面にもぐり込む習性を強化して改良されているので、テリアと一緒に分類する方がふさわしい犬種です。ダックスフンドを脚の長いドイツの嗅覚ハウンドと交配して、あの独特なダックスブラカ類が生まれました。スイスでは、ハンターが徒歩で犬についていくのが普通で、そのためにたくましく短脚のラウフフント類のような犬種がつくり出されました。オーストリア＝ハンガリー帝国では、貴族は狩りを馬に乗って行いました。こういったハンターの要求を満たすために、トランシルヴァニア地方、スティリアン山脈、及びバルカン半島山岳地帯全域では、長脚のマウンテン・ハウンド類が生まれました。

グラン・バセー・グリフォン・ヴァンデオン

グラン・ブルー・ド・ガスコーニュ

一般的な特性

　嗅覚ハウンドはなべて従順で、他の種族よりも群居性が高い犬種です。その恐るべき嗅覚は人間の理解を超えています。一定の物理的特性を持っているため、ごく微かな匂いも捉えることができるのです。たとえば、通常長くたれ下がった耳は、気流を起こして匂いの検出に役立ち、ぶら下がっている湿った唇も匂いを捉える助けになります。嗅覚ハウンドの労働意欲には圧倒されます。中には獲物を殺す本能を持たず、汚れ仕事をテリアのような他の犬、または人間にとっておいてくれる犬種もあります。

　嗅覚ハウンドは普通、子供と一緒でも安心ですし、他の犬とも十分うまくやっていけます。このグループはテリア族ほど自己主張が強くなく、情愛深いのでコンパニオンに適し、銃猟犬として訓練も可能です。嗅覚ハウンドは仕事をしている時、つまりキツネの匂いを追ったり、その道を最後に横切った犬の足跡をたどったりする時に最も満足を覚えるのです。

ブラッドハウンド

　世界中のありとあらゆる犬、たとえばアメリカン・クーンハウンド、スイス・ジュラ・ハウンド、ブラジリアン・フィラ・ブラジレイロ、バヴェリアン・マウンテン・ハウンド、その他多くの犬種が、嗅覚を頼りに追跡するこの古代種に源を発します。今日すべてのブラッドハウンドは、毛色が黒と暗褐色、茶褐色と暗褐色、赤の3種しかありませんが、中世にはさまざまな毛色の単色種が存在していました。中世ヨーロッパで見られた白色種は、タルボット・ハウンドの名で呼ばれていました。1600年代までにこの血統は種としては絶えましたが、遺伝子は、ホワイト・ボクサーからトリコロールド・バセット・ハウンドまでの多様な現存種の中に連綿と続いています。ブラッドハウンドは殺すよりも狩りの方が大好きな、追跡をこよなく愛している犬種なので、動物や犯罪者、逃亡奴隷、行方不明の子供を探すのに今でも使われています。今日では、この勤勉で、声のよく通る犬種は、追跡用としてもコンパニオンとしても飼われています。愛想の良い気質ですが、訓練に従わせるのは容易ではありません。

下唇は顎の骨から5cm垂れています

犬種の歴史

　数世紀にわたり、ベルギーのサン・ユーベル修道院の修道士が、この優れた嗅覚追跡犬を繁殖させていました。同時期イギリスでも実質的に同一の犬種がつくり出されています。両種の祖先は共通で、中東から帰還した十字軍兵士が連れてきた犬だと考えられています。

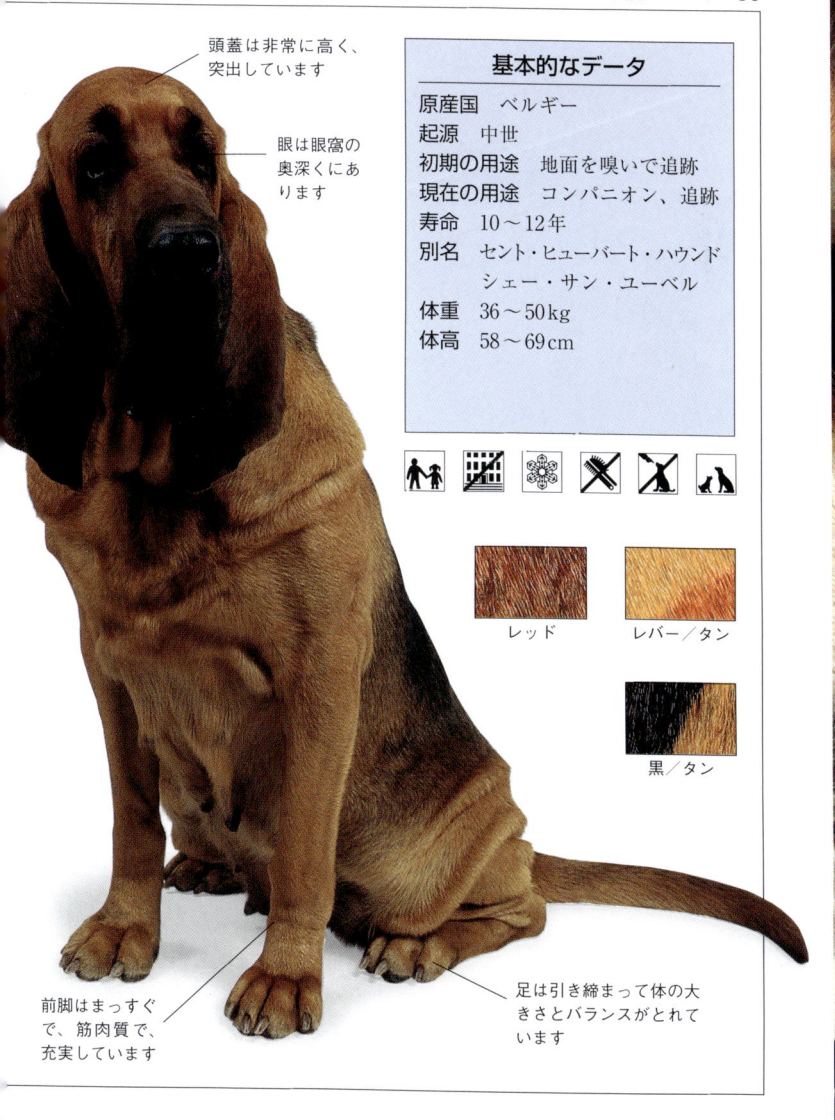

嗅覚ハウンド 51

頭蓋は非常に高く、突出しています

眼は眼窩の奥深くにあります

基本的なデータ

原産国　ベルギー
起源　中世
初期の用途　地面を嗅いで追跡
現在の用途　コンパニオン、追跡
寿命　10～12年
別名　セント・ヒューバート・ハウンド
　　　シェー・サン・ユーベル
体重　36～50kg
体高　58～69cm

レッド

レバー／タン

黒／タン

前脚はまっすぐで、筋肉質で、充実しています

足は引き締まって体の大きさとバランスがとれています

バセット・ハウンド

　手に負えないこともよくありますが、普通は物静かで温和なバセットは、かつて優秀な猟犬でした。垂れた耳は匂いを捉えるのに役立ちました。湿気のある朝方には特にそうでした。今でも、骨は軽く、脚は長めで、胴体は偏平のバセットは、野原で活躍しています。しかし典型的な愛玩用バセットは体重が重く、体長が長く、体高が低いのです。今日この犬種はコミック作家や広告業者の創作欲をそそるようです。合衆国ではマンガの主人公、フレッド・バセットがひょうきんな性格を演じていますし、世界中でバセットはぴったり合う靴の象徴になっています。

耳は長く、低い位置についています

嗅覚ハウンド 53

犬種の歴史

　このバセット・ハウンドは、"矮性(わいしょう)"なブラッドハウンドの子孫と思われています。創出はフランスですが、現在はイギリスとアメリカ合衆国で人気があります。

やや窪んだ眼は穏やかです

トライカラー 　　レモン／白

飛節はまっすぐで、脚は前に向いています

太い尾はややカーブしています

基本的なデータ

原産国　フランス
起源　1500年代
初期の用途　ウサギ狩り
現在の用途　コンパニオン、狩猟
寿命　12年
体重　18〜27kg
体高　33〜38cm

グラン・ブルー・ド・ガスコーニュ

　暑く乾燥した南西フランス、ミディ地方に起源を持つこの犬種は、現在、生息数では1700年代以降にとり入れた合衆国が原産国をしのいでいます。大西洋の両岸で、このエレガントで威厳のあるグラン・ブルーは、嗅覚による追跡業務をほとんど独占していました。脚は特別速いわけではありませんが、恐るべき持続力を持ちます。フランスでオオカミが絶滅すると共にこの犬種の個体数も減少しました。100年前フランスのドッグ・ショーで公開されたグラン・ブルーは、ほとんど真っ黒に近い色でした。

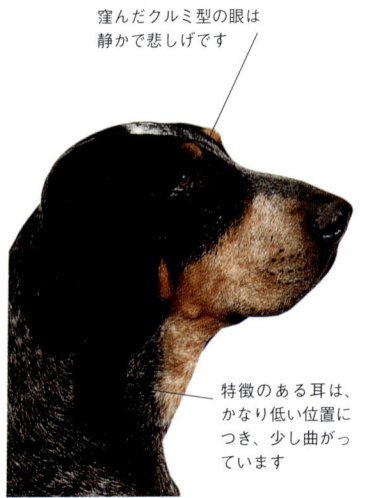

窪んだクルミ型の眼は静かで悲しげです

特徴のある耳は、かなり低い位置につき、少し曲がっています

基本的なデータ

原産国　フランス
起源　中世
初期の用途　シカ、イノシシ、オオカミ狩り
現在の用途　銃猟犬、時に群れで使役された
寿命　12～14年
別名　ラージ・ブルー・ガスカニー・ハウンド
体重　32～35kg
体高　62～72cm

犬種の歴史

　この古代犬の起源はおそらく、フェニキア人の貿易商がフランスに持ち込んだ競争犬に連なると思われます。古代における祖先を確定できないほど古い犬種のひとつであることは確かです。

楕円形のオオカミ型の足に、肉薄の趾がついています

よく筋肉のついた前脚がたくましい肩を支えています

バセー・ブルー・ド・ガスコーニュ

　この犬はハンターとしてもコンパニオンとしても優秀で、都市にも郊外にも向きます。訓練に容易に従わせることができますし、適度に勇敢なので番犬にもなります。比較的短毛なので寒さにはやや弱いようです。フランスのブリーダーたちは、この犬種は食べ過ぎると、胃捻転、つまり胃が突然捻れてしまうという命にかかわる病気を起こしやすくなるという意見を持っています。このバセー・ブルーはよく通る声と鋭い鼻を備えています。

基本的なデータ

原産国	フランス
起源	中世、1800年代
初期の用途	銃猟犬
現在の用途	コンパニオン、銃猟犬
寿命	12〜13年
別名	ブルー・ガスカニー・バサット
体重	16〜18kg
体高	34〜42cm

長く薄く、襞を持つ耳は口吻部と同じ長さがあります

脚は速度を落とすために矮小化されました

嗅覚ハウンド 57

額は長く、少しカーブしており、模様は普通、左右対称です

犬種の歴史

　この犬種の血統は一度絶えました。現在のバセー・ブルー・ド・ガスコーニュは、フランスのブリーダー、アラン・ブルボンが再創出したものです。

厚い胸は耐久力を約束します

楕円形の足には、硬く黒い爪と丈夫で黒いパッドがつきます

グラン・バセー・グリフォン・ヴァンデォン

バセーの大半より体高のあるこのグラン・バセーは、端正で独立心旺盛な犬種で、確固たる意志を持っています。強情ではありますが、危険な犬ではありません。情愛深く、噛みつく率は平均以下です。このグラン・バセーは単独または群れで行う狩りを楽しみ、相応の訓練を施せば有能なウサギ・ハンターになります。都市環境でも満足して問題なく暮らすことができますが、厚い被毛は定期的な手入れが必要です。

基本的なデータ

原産国　フランス
起源　1800年代
初期の用途　銃猟犬、ウサギ追い
現在の用途　コンパニオン、銃猟犬
寿命　12年
別名　ラージ・ヴァンデォン・グリファン・バセー
体重　18〜20kg
体高　38〜42cm

耳は匂いを嗅いでいる時、鼻先まで届きます

まっすぐで肉薄の肩は、がっしりした骨に発達した筋肉が乗っています

嗅覚ハウンド 59

| 白 | グレー | トライカラー |
| タン／白 | 黒／白 | |

犬種の歴史

フランス人ブリーダー、ポール・デザミーの選択的交配でつくられた犬種です。この血統は1940年代半ばに確立されました。

長いたくましい首は肩のところで最も太くなっています

整った足は楽に歩くことができます

プチ・バセー・グリフォン・ヴァンデオン

　グリフォン・ヴァンデオンの仲間では最も人気のあるこのプチ・バセーは、イギリス及び合衆国を含む全世界で、ブリーダーや飼い主に好評です。バセーそのものの形状を持つ、この機敏で熱心な犬は、背中の痛みを起こしやすい傾向にあります。雄同士は人間の管理者にトップとして認められるために闘うことが知られています。蒸し暑い気候よりすがすがしく涼しい天候を好みます。

白　　トライカラー

オレンジ／白

基本的なデータ

原産国　フランス
起源　　1700年代
初期の用途　ウサギ追い
現在の用途　コンパニオン、銃猟犬
寿命　　12年
別名　　リトル・グリファン・ヴァ
　　　　ンデオン・バセー
体重　　14〜18kg
体高　　34〜38cm

犬種の歴史

　このプチ・バセーはフランスのヴァンデ地方産の古代種が起源です。この種の特質は、フランスのブリーダー、アベル・デザミーによって固定されたものです。

嗅覚ハウンド　61

大きくて黒い眼は魅力的で静かな
表情です

グラン・バセーと同
じくらい厚い胸です

脚は短脚ですが、
まっすぐでしっか
りしています

バセー・フォーヴ・ド・ブルターニュ

　バセーの典型・長い胴体で短脚のバセー・フォーヴ・ド・ブルターニュの被毛は、アルティシャン・ノルマンのようなスムースコートでも、グリフォン・ヴァンデオンのような粗いワイアリーコートでもなく、かなりきめの粗い硬い毛です。粘り強く丈夫であり、獲物を匂いで突き止めて飛び立たせ、厄介な地形でもやすやすと能力を発揮できる犬種です。伝統的にはこのバセット・ハウンドは4頭一組で行動しましたが、今日では単独または2頭で組む場合が増えています。活発で頑固な犬種なので、訓練に従わせることはグリフォン・フォーヴより困難です。他の多くの犬種同様、良きコンパニオンにもなります。運動が生きがいのこの犬にとって、閉じ込めて飼われるのは不幸なことです。

基本的なデータ

原産国	フランス
起源	1800年代
初期の用途	狩猟（小動物）
現在の用途	コンパニオン、銃猟犬
寿命	12～14年
別名	トーニ・ブリタニー・バサット
体重	16～18kg
体高	32～38cm

フォーン

レッド

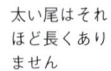

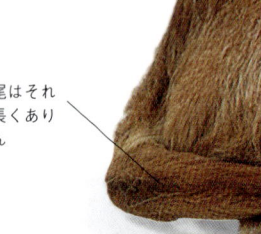

金色に輝く被毛は厚くざらざらしています

太い尾はそれほど長くありません

犬種の歴史

　グリフォン・フォーヴ・ド・ブルターニュをヴァンデ地方産の短脚ハウンドと交配して生まれたバセー・フォーヴ・ド・ブルターニュは、フランス国外ではまだほとんど見かけませんが、イギリスだけは例外で、たくさんのブリーダーを魅了しています。

分厚い耳は眼より低い位置についています

長骨は曲がっています

イングリッシュ・フォックスハウンド

　声は良く、嗅覚は鋭く、無骨な体つきで、他の犬ともうまくやっていける折り紙つきの犬、それはイングリッシュ・フォックスハウンドです。昔イギリスのあちらこちらで見かけたこの犬種は、形態及び大きさがさまざまでした。脚はヨークシャー産のものが一番速く、それより大きいスタッフォードシャー産は速さで劣るものの深みのある声をしていました。今日では大半の個体が形態も性質も似通っています。家庭犬として飼われることは滅多にありませんが、コンパニオンとしてもうってつけです。充実した声と注意深い性格は番犬にも向いています。穏やかで情愛深く、物に動じない犬ですが、訓練に従わせるのは少し困難かもしれません。キツネほどの大きさの動物を本能的に追いかけて殺す強い衝動を持っています。

基本的なデータ

原産国　イギリス
起源　1400年代
初期の用途　キツネ狩り
現在の用途　キツネ狩り
寿命　11年
体重　23～34kg
体高　58～69cm

嗅覚ハウンド 65

犬種の歴史

　14世紀のイギリスではキツネ狩りが流行し、脚の速い猟犬の需要が高まっていました。輸入したフランスのハウンドと自生のストックから、ついに俊足のほっそりとしたハウンドが生まれました。

バイカラー 　　トライカラー

大きな眼は離れてついています

筋肉質の力強い腿です

分厚くたくましい胸です

方形に近い口吻部はまっすぐです

脚の骨は頑丈です

ハリアー

　歴史によれば、1260年頃ブリティッシュ・ハリアーの群れである、ペニストンのひと群れがイングランド西部に存在したとの記録があります。後の記録には、ウェールズではハリアーはありふれた群れ犬であったと書かれています。しかし今世紀までにこの犬種は原産国では絶滅寸前になっていました。今日のハリアーは、フォックスハウンドの血統を入れて再生したもので、スリランカではヒョウを狩り、合衆国東部ではキツネを狩り、コロンビア山脈では匂いを追う、フォックスハウンドとビーグルの気質がほどよく混合された犬種です。本来のんきな性質で、他の犬種にもよくなつきます。ハリアーはコンパニオンとしても優れています。フォックスハウンドより少し小型なので、ヨーロッパ及び北アメリカでは将来、群れの中で暮らすよりは家族として飼われる方が多くなりそうです。

上唇は下顎に覆いかぶさっています

足は小型ですが、ネコほどではありません

嗅覚ハウンド 67

犬種の歴史

ハリアーは、イギリスの西部で少なくとも800年の改良を経た種であり、おそらくブラッドハウンドが、今日のビーグルの先祖にあたる犬と交配したものの子孫です。この犬種の名前は、ノルマンフランス語で狩猟犬を意味する言葉「harier」からきています。今日この犬種は、イギリスでもアメリカでも固定されています。

滑らかで短い被毛は横に寝ています

さまざまな毛色

表情豊かな顔はビーグルほど幅が広くありません

基本的なデータ

原産国　イギリス
起源　中世
初期の用途　ウサギ狩り
現在の用途　ウサギ狩り、キツネ狩り、コンパニオン
寿命　11〜12年
体重　22〜27kg
体高　46〜56cm

オッターハウンド

　イギリスでは狩る動物に合わせてさまざまなハウンドが改良されました。キツネにはフォックスハウンド、野ウサギにはハリアー、イノシシにはブラッドハウンドというように。このオッターハウンドも、厳寒の川に入ってカワウソをその巣穴に追い込むための犬種です。現在カワウソはもはや害獣とは見なされなくなったため、当初の用途には適用されなくなりました。幸いにもこの犬は元気が良く、人間との交流を楽しみ、子供や他の動物には寛大です。しかし強情に自分の意志を通すこともあります。見張りをしていたり水面を嗅いでいる時は特にそうです。

基本的なデータ

原産国　イギリス
起源　古代
初期の用途　カワウソ狩り
現在の用途　コンパニオン
寿命　12年
体重　30〜55kg
体高　58〜69cm

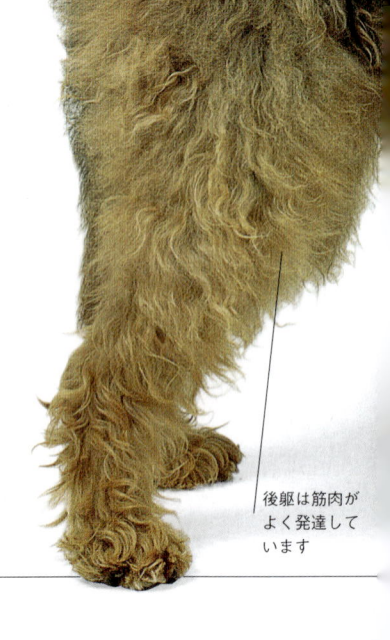

後躯は筋肉がよく発達しています

嗅覚ハウンド 69

さまざまな毛色

長く強靭な背はやや反っており、断熱性の高いダブルコートで覆われています

かなり厚い唇です

荒い剛毛質のトップコートが羊毛質のアンダーコートを覆っています

趾は適度に水掻き状で、泳ぐのに適しています

犬種の歴史

　このオッターハウンドはブラッドハウンドの子孫かもしれません。あるいは、大型で粗毛のテリアや古代種のフォックスハウンドと、フランスのニヴェルネ・グリフォンを交配したものかもしれません。

ビーグル

　ビーグルは独立心旺盛な犬で、気が散ると道を逸れる傾向がかなりあります。コンパニオンとして人気があるのは、情愛深い気質と攻撃性の低さのためです。この落ち着いた犬種の持つ望ましい特徴として、エレガントで響きの良い声があります。国ごとに大きさや外貌は非常に異なります。ケンネル・クラブの中にはこの問題を、大きさ別に変種として認定することで解決しているところもあります。イギリスではかつて、小型のビーグルを、ハンターが馬の鞍嚢に入れて運んだ時代もありました。

輪郭のくっきりした唇と、目立つ下唇

さまざまな毛色

基本的なデータ

原産国　イギリス
起源　1300年代
初期の用途　ウサギ狩り
現在の用途　コンパニオン、銃猟犬、野外実地競技
寿命　13年
別名　イングリッシュ・ビーグル
体重　8～14kg
体高　33～41cm

犬種の歴史

　ビーグルはハリアーやイギリスの古代ハウンドの子孫だと考えられています。ウサギ狩りでは、小型のため人が徒歩でついて歩くことのできるこの犬種は、1300年代から存在していました。

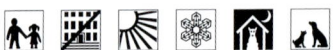

嗅覚ハウンド 71

鼻は、生まれた時は暗色ですが、成長すると茶色がかったピンクによく変わります

長く、きめの細かい垂れ耳は、優雅な襞をつくっています

頭蓋はやや半球状です

これはスムースコートですが、ワイアーコートもあります

適度に厚い胸に、ばねの効いた肋骨です

大腿は優れた推進力を発揮します

小ぶりだがたくましい足には、非常に厚いパッドがついています

アメリカン・フォックスハウンド

　アメリカン・フォックスハウンドは、ヨーロッパの類似種より体高が高く骨は軽めですが、今世紀まで新しい血がヨーロッパから定期的に入っていました。働く時はどの犬も自分が先導したいため、個々が勝手に振るまい群れの一員としては行動しません。キツネ狩りの方式は合衆国の東海岸横断線を境に異なります。北部の州では伝統的なヨーロッパ方式で、狩りは日中に行い、キツネは殺してしまいます。南部の州では昼も夜も行い、キツネを追うことが最も重要で、殺すとは限りません。確固たる意志を持った犬は個々の声に特徴があるので、ハンターは自分の犬を声で識別できるのです。

基本的なデータ

原産国　アメリカ合衆国
起源　1800年代
初期の用途　キツネ狩り
現在の用途　キツネ狩り、コンパニオン
寿命　11〜13年
体重　30〜34kg
体高　53〜64cm

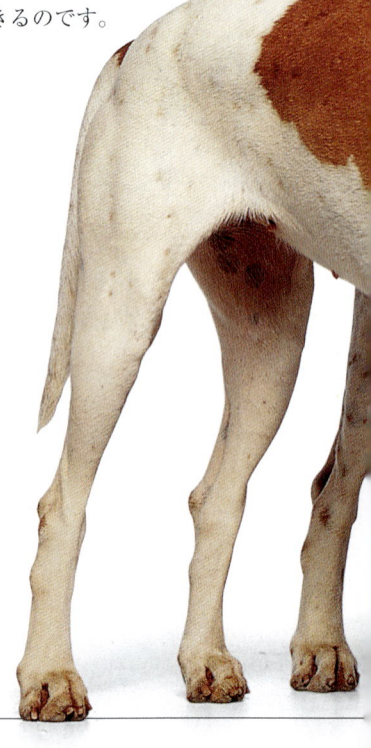

嗅覚ハウンド　73

さまざまな毛色

顎の下に下唇が垂れています

やや半球状の頭蓋の、かなり長い頭です

犬種の歴史

狩りに使うイングリッシュ・フォックスハウンドの最初のひと群れが、イギリスから合衆国に渡ってきたのは1650年でした。ケリー・ビーグル型のアイルランド産ハウンドとフランス産ハウンドが貢献して、今日の肉薄で俊足の犬種がつくられました。

ブラック・アンド・タン・クーンハウンド

アメリカのクーンハウンドは、アライグマやフクロネズミを、匂いで追跡して木に追い上げる本能を強めた、世界で最も特殊化した犬です。獲物を追い詰めてしまうと、このクーンハウンドは声の調子を変えます。木にとどまって「追い詰めましたよ」コールを、ハンターが到着するまで続けます。この黒＆タンは最もありふれたクーンハウンドで、性格は自己主張が強く、注意深く、従順です。手入れは耳に特別な配慮を要し、運動は健康を保つために不可欠です。

基本的なデータ

原産国　アメリカ合衆国
起源　1700年代
初期の用途　アライグマ狩り
現在の用途　アライグマ狩り
寿命　11～12年
別名　アメリカン・ブラック・アンド・タン・クーンハウンド
体重　23～34kg
体高　58～69cm

後ろに寝た耳は優雅に垂れています

長く、力のみなぎった脚は、長距離（走る・泳ぐ）向きです

嗅覚ハウンド　75

犬種の歴史

　先祖にはブラッドハウンド、アイリッシュ・ケリー・ビーグル、そして1700年代にヴァージニアに渡ってきたフォックスハウンドがいます。また12世紀のタルボット・ハウンドと関係があるともいわれています。

眼の上は豊かな暗褐色です

厚い胸は耐久力を表します

股関節は異形成症を起こしやすい傾向です

プラットハウンド

　一番丈夫なクーンハウンドといえば、約250年間プラット家に飼われて、合衆国東部のアパラチア山脈、ブルーリッジ山脈、及びグレートスモーキー山脈でクマやアライグマを捕っていた、大型で群居性のあるこの犬でしょう。このプラットハウンドは面白いことに他のクーンハウンド族に共通するよく通る吠え声ではなく、鋭くピッチの高い声を持ってます。しっかりとした筋肉と、やや貧弱な骨格を持つこの犬種は、陽のある間中働いて夜中まで持続する耐久性と体力を備えています。アメリカのクーンハウンド族の典型で、厚い胸を持ちます。短時間にあまり沢山食べさせると、胃捻転を起こしやすくなり、これは命に関わります。南部の州以外では極めてまれで、コンパニオンとして単独で飼われることもまずありません。

長い尾は警戒中は高く掲げられています

薄く力のみなぎった筋肉はエネルギーの源です

基本的なデータ

原産国　アメリカ合衆国
起源　1700年代
初期の用途　クマ狩り
現在の用途　銃猟犬、コンパニオン
寿命　12～13年
体重　20～25kg
体高　51～61cm

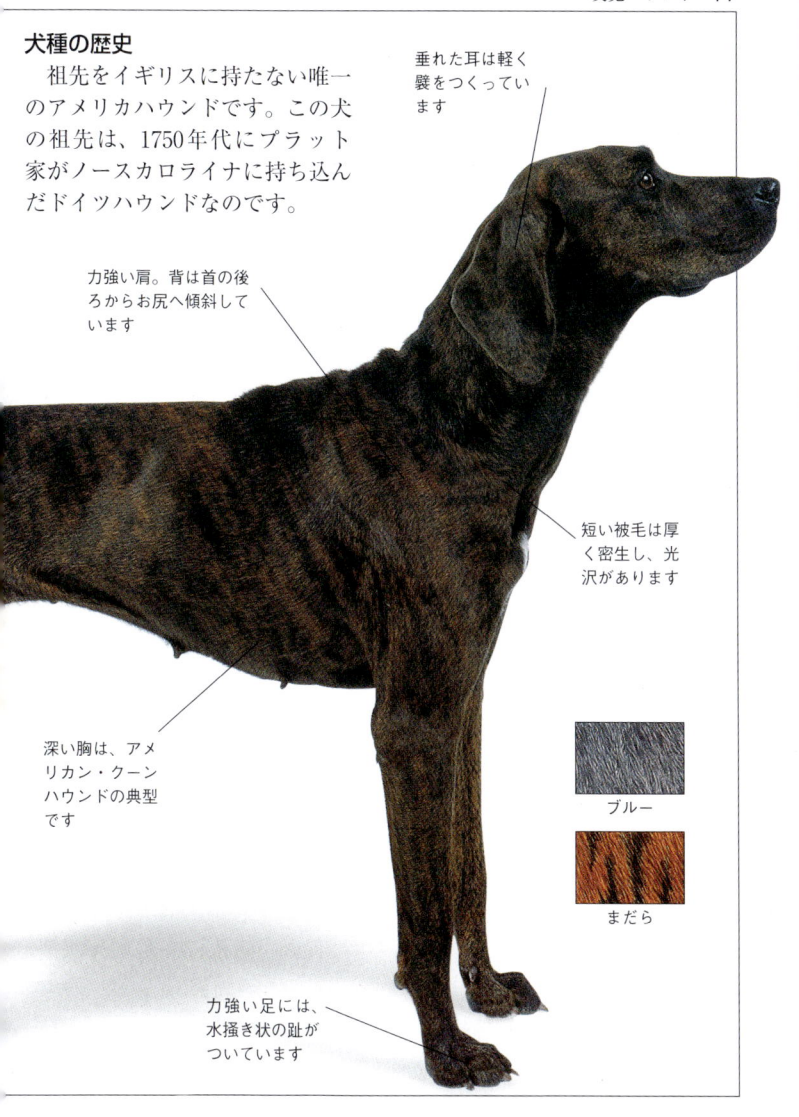

嗅覚ハウンド 77

犬種の歴史

祖先をイギリスに持たない唯一のアメリカハウンドです。この犬の祖先は、1750年代にプラット家がノースカロライナに持ち込んだドイツハウンドなのです。

垂れた耳は軽く襞をつくっています

力強い肩。背は首の後ろからお尻へ傾斜しています

短い被毛は厚く密生し、光沢があります

深い胸は、アメリカン・クーンハウンドの典型です

ブルー

まだら

力強い足には、水掻き状の趾がついています

ハミルトンシュトーヴァレ

　このハンサムな犬は、イギリスでは品評会のスターとして、有能な使役犬としていち早く人気が出ましたが、それ以外、スカンジナビア半島の他の地域では事実上知られていません。スウェーデンでは知名度で十指に入るこの犬種は、群れより単独で狩りをし、足跡を追跡したり、獲物を追い立てたりすることができます。獲物を見つけると、ハウンド特有のやり方で吠えます。冬は被毛がかなり厚くなるので、勤勉なハミルトンシュトーヴァレは雪の積もったスウェーデンの森でも喜んで働きます。

基本的なデータ

原産国　スウェーデン
起源　1800年代中期
初期の用途　ウサギ・キツネの狩猟
現在の用途　コンパニオン、狩猟犬
寿命　12～13年
別名　ハミルトン・ハウンド
体重　23～27kg
体高　49～61cm

長く力強い首は肩に溶け込んでいます

犬種の歴史

スウィーディシュ・ケンネル・クラブの設立者、アドルフ・パトリック・ハミルトンは、ジャーマン・ビーグルの変種にイングリッシュ・フォックスハウンドとスウェーデンの土着犬を交配してこの犬種を作出しました。最初に出品されたのは1886年です。

茶色の眼は大抵落ちついた表情を見せています

丈夫で厚いトップコートは、短く厚く柔らかなアンダーコートを覆っています

尾は根本が太く、先に向かって細くなっています

セグージョ・イタリアーノ

このめずらしい魅力的な犬の起源は、その形態が表しています。長い脚は視覚ハウンド、顔は嗅覚ハウンドのものです。イタリアのルネサンス期に、美しいセグージョは高級なコンパニオンとしてもてはやされました。今日ではイタリア中で狩猟犬として高い人気を誇っています。嗅覚は格別で、獲物を追跡する際、そのことだけしか考えていない点はブラッドハウンドに似ています。違うのは、サグージョは追うだけではなく捕らえたり殺したりもするところです。使役犬及びコンパニオンとして、この犬種はイタリア国外でもますます人気が高まっています。

基本的なデータ

原産国　イタリア
起源　古代
初期の用途　狩猟
現在の用途　コンパニオン、銃猟犬
寿命　12～13年
別名　イタリアン・ハウンド
　　　セグージョ
体重　18～28kg
体高　52～58cm

犬種の歴史

エジプトのファラオ時代の人工遺物に、今日のセグージョに非常によく似た古代の追跡用ハウンドが描かれています。マスティフの系統が入って体のかさが増しました。

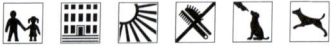

嗅覚ハウンド 81

大きな黒い眼は光を放ちます

垂れた仰々しい耳は、ちょうど眼の高さについています

フォーン

黒／タン

短い被毛は厚く密生し、光沢があります

楕円形の趾はウサギ型で、短く厚い被毛に覆われています

バヴェリアン・マウンテン・ハウンド

　ドイツまたはチェコスロヴァキア共和国内の、プロの森林官や猟区管理者の手元以外にはほとんどいないこの犬種は、機敏で熱心な微臭探査犬です。通常調教者に単独でつき従い、傷を負った動物の血の匂いを他の犬がたどれなくなった際にもよく使われます。中央ヨーロッパにおけるハンターの決まりに、動物を放っておけば死に至る状態で放置しておいてはならないというものがあるのです。

フォーン

レッド

レッド・ブリンドル

ブラック・ブリンドル

幅広で強い足は、厚いパッドと頑丈な爪がついているため、機敏な動作が可能

嗅覚ハウンド 83

犬種の歴史

　優れた嗅覚を持つ小型で機敏なこの犬は、バヴァリアン山脈で傷ついたシカを追うのが仕事でした。ハノーヴィアリアン・ハウンドに短脚のバヴェリアン・ハウンドを交配してこうした犬種が生まれました。

分厚く硬い短毛は、頭部で最も細くなっています

仮面のような模様のある顔は穏やかな表情で、長く垂れた耳がついています

胴体は力強く、筋肉が発達しています

基本的なデータ

原産国	ドイツ
起源	1800年代
初期の用途	獲物の追跡
現在の用途	銃猟犬、コンパニオン
寿命	12年
別名	バイエリッシャー　ゲビルクシュバイスフント
体重	25〜35kg
体高	50.5〜51.5cm

ローデシアン・リッジバック

　1922年ジンバブエのブラワヨで開催されたブリーダー会議で、5つの現存種の長所ばかりを集めてこの単色犬の標準が定められました。南アフリカの大動物ハンターがこの犬を北の「ライオンの国」つまりローデシアに持ち込みました。しかし名前と伝説に反して、このたくましい犬はライオンを襲ったことはなく、振る舞いはもっぱら狩猟犬としてのものでした。大動物を追い詰めた後、吠えて主人に獲物の位置を教えるのです。大型で頑丈なつくりのため攻撃されても大丈夫です。忠実で情愛深いリッジバックは、現在少数が狩りに使われている他は、番犬やコンパニオンとして活躍しています。

基本的なデータ

原産国　南アフリカ
起源　1800年代
初期の用途　狩猟
現在の用途　コンパニオン、警備
寿命　12年
別名　アフリカン・ライオン・ハウンド
体重　30～39kg
体高　61～69cm

嗅覚ハウンド 85

犬種の歴史

　文献には、南アフリカのホッテントット族がリッジバックを狩猟用またはコンパニオンとして飼っていたとあります。1800年代に、ヨーロッパからの移住者が、オランダ及びドイツのマスティフ、及び嗅覚ハウンドを、原産のリッジバックと交配して現存種ができました。

頭は適度に長く、頭頂が平らで、耳の間が広くなっています

背に添って逆毛が生えています

力強い首は、滑らかな筋肉質の肩に溶け込んでいます

被毛は短く、厚く、滑らかで、光沢があります。寒い土地ではアンダーコートが発達しています

はっきりアーチ状になった趾には、丈夫で丸くしなやかなパッドがついています

スピッツ・タイプの犬

現在のスカンジナビア諸国、ロシア、アラスカ、カナダといった北極地方で進化したスピッツ・タイプの犬種ほど、人間と深い関わりを持ってきた犬種グループはありません。スピッツ・タイプの犬と、これらの気候の厳しい地方に住む人々とは、非常に密接な協力関係にありました。北極地方の海岸沿い、ツンドラ地帯、北極の島々に住む種族が、過酷な自然の中で生きていくためには、これらの用途の広い犬の助けが欠かせなかったといえるでしょう。

はっきりしない起源

スピッツ・タイプの犬の正確な起源は、現在でも分かっていません。厚い体毛、がっしりとした体のつくり、短い耳、巻き尾を特徴とするスピッツ・タイプの犬種が、ノーザン・ウルフに由来していることを示す考古学上の証拠は、今のところ発見されていません。しかし、5000年以上前の骨の化石から、おそらくパリア犬が北へ移動して、より体の大きな、がっしりとした北極地方のオオカミと交配したのではないかと考えられます。5000年以上にわたって、人間の手によって、また自然の交配によって、オオカミの血が加えられ、オオカミに似た今日のスピッツ・タイプの犬種が生まれたことは間違いありません。

ジャーマン・スピッツ

犬の移動

北極地方に移動して、オオカミと交配した犬を祖先に持つスピッツ・タイプの犬は、何千年もの昔、北極のツンドラ地帯から分散して、北アメリカ、ヨーロッパ、アジアの温帯地方へと南下していきました。北アメリカでは、現在でもアラスカン・マラミュートやカナディアン・ハスキーなどの犬種が、北極圏より北の地方に生息していますが、ヨーロッパではスピッツ・タイプの犬は南方へも移動していったのです。

スイスで発見された2000年以上前の先史の犬の骨から、スピッツ・タイプの犬種は数千年に渡って、中央ヨーロッパに生息していたことが分かります。これらの犬は、今日のさまざまなドイツ原産のスピッツ、オランダ原産のキースホンド、ベルギー原産のシッパーキの原型であると考えられます。またスピッツ・タイプの犬のミニチュア種であるポメラニアンやイタリア原産のボルピノの祖先も、これらの犬であると考えられます。その他のスピッツ・タイプの犬は、北東アジアから中国や朝鮮へと移動し、今日のチャウチャウやジンドになりました。スピッツ・タイプの犬は、数百年前、さらにはそれ以前の1500年前に、おそらく朝鮮から日本に持ち込まれ、北海道犬、秋田犬、甲斐犬、柴犬、四国犬の原種となりました。

大切な働き手

スピッツ・タイプの犬種は、人為淘汰によって、最初は3つの役割を果たすよう

になりました。これらのすっきりとした活発な犬は、狩猟、家畜の管理、そり引きに適するようにつくられてきたのです。

　最も力強く、粘り強い犬種が大型獣のハンターになりました。スカンジナビアと日本では、共に小型の土着犬が小型哺乳動物や鳥の猟に使用されていました。

　北ヨーロッパやアジアでは、土着の人々が他の犬種を家畜の管理に使用していました。ロシア人はさまざまなライカ種を、スカンディナビアのサーメ人はラップフンドを用いていました。これ以外にも、ラパンポロコイラ、ノルウェジアン・ビュードッグ、アイスランド・ドッグなどの犬種は、特別の牧畜犬としての血統を持ち、農場の働き手として使用されていました。ごく最近になって、ポメラニアン、日本スピッツ、アメリカン・ミニチュア・エスキモー・ドッグなどの小型犬が、単にコンパニオン犬としてつくられるようになったのです。

アラスカン・マラミュート

肉体的特徴

　スピッツ・タイプの犬種の解剖学的構造は、厳しい北方の気候に非常に適しています。熱を逃がさず、水をはじくアンダーコートが、オーバーコート以上に密生しており、小さな耳も必要以上に熱が逃げるのを防ぎ、凍傷を起こす危険性を少なくしています。指の間までも厚い毛に覆われ、非常に鋭い氷から体を保護しています。

　これらの犬は、野生のままの美しさを特徴としています。その形態はノーザンウルフに非常に近く、生まれつきの毛色やくさび形の口吻は、素朴な魅力をたたえています。多くの犬種は、必ずしも扱いやすいわけではなく、訓練には多くの時間を要します。

チャウチャウ

アラスカン・マラミュート

外観はオオカミに似ていますが、アラスカン・マラミュートは人なつっこい犬です。過度に感情を表に出したり、威厳を示そうとしたりすることもなく、知っている人間や犬とは喜んでじゃれ合います。このたくましい犬は、分厚い胸と抜群のスタミナを持っています。ジャック・ロンドンは、極寒の北極地方の生活を描いた小説の中で、ハスキー種の並外れた体力について述べていますが、これはおそらくマラミュートのことだと思われます。カナダやアメリカでは、家庭で飼う犬として人気がありますが、この犬種は、活発な動きを特徴としており、犬ぞりレースではその才能をいかんなく発揮します。

犬種の歴史

西アラスカの北極海沿岸に住むマールマット・イヌイトにちなんで命名されたこの犬種は、ヨーロッパ人がアメリカ大陸にやってくるずっと以前から、牽引用として用いられていました。

基本的なデータ

原産国　アメリカ合衆国
起源　古代
初期の用途　そり犬、狩猟犬
現在の用途　コンパニオン、そり犬、犬ぞりレース

寿命　12年
体重　39kg～56kg
体高　58cm～71cm

筋肉が非常にたくましく、骨格ががっしりとした四肢は、牽引や重い荷ぞりの運搬には理想的です

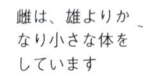

雌は、雄よりかなり小さな体をしています

アーモンド形をした眼は、人なつっこく、好奇心に満ちた表情をたたえ、ちゃめっ気さえ感じます

小さく、びっしりと被毛に覆われた耳は、ほとんど体熱を逃がしません

密生した被毛によって、熱射病にかかりやすくなっています

カナディアン・エスキモー犬

　カナディアン・エスキモー犬は、あふれんばかりのエネルギーを持ち、食べる、仕事をする、闘う、吠えるなど、あらゆることをします。独立心が強い犬で、群れを率いる人間を尊敬することを教え込むためには、首尾一貫した毅然とした態度で接することが必要です。エスキモー犬は群れをつくる本能が強く、群れの中の権力をめぐって、すぐに仲間同士のケンカになります。また、腐肉を見つけると必ずこれを食べる習性があり、他の動物を襲って食べることもします。この犬種は、飼い犬としての生活にも順応することができ、犬特有の人なつっこさを見せることもありますが、本領を発揮するのは使役犬として用いられる場合です。

暗色で、適度に離れた位置に付いている目の表情は、率直で開放的な性格を表しています

頭部はすっきりとしており、外観はオオカミに似ています

基本的なデータ

原産国　カナダ
起源　古代
初期の用途　荷を背負っての運搬
　　そり犬、犬ぞりレース
現在の用途　そり犬、犬ぞりレース
寿命　12〜13年
別名　アメリカン・ハスキー
　　エスキモー、エスキモー犬
体重　27〜48kg
体高　51〜69cm

スピッツ・タイプの犬 91

犬種の歴史

何千年もの間、この犬は、現在のカナダのナナバットとノースウェスト・テリトリーズに住んでいるイヌイトの唯一の交通手段でした。この犬種は、現在でも野生そのままの、人になつきにくい性質を残しています。

さまざまな毛色

密生した被毛が、氷点下の気温から犬を守っています

密生した毛に覆われた、典型的なスピッツの巻き尾

シベリアン・ハスキー

　優美な体格をしたシベリアン・ハスキーは、そり犬の中では、最も小さく軽量の犬種ですが、動きは機敏で活動的、疲れを知らない使役犬です。古くから存在している他の北方スピッツ犬種と同じように、この犬種は滅多に吠えませんが、オオカミに非常によく似た遠吠えをします。カナダ、アメリカ合衆国とイタリアで非常に人気があるシベリアン・ハスキーには、実にさまざまな毛色の犬がいます。眼の色も、ブルー、褐色、ハシバミ色、両目の色が異なることが許されている数少ない犬種のひとつです。気品があり、おとなしい性格のこの犬種は、気持ちの良いコンパニオンになります。

尾は厚い毛に覆われており、毛が生え変わる季節には手入れが必要です

びっしりと被毛に覆われて引き締まった脚と、クッションを備えたパッド

中くらいの大きさの三角形の両耳は、警戒している時には平行になります

さまざまな毛色

このようなめずらしいまだら模様は、この犬種独特のものです

たくましい四肢は、まっすぐで骨太です

犬種の歴史

遊牧民であるイヌイトに牽引用として用いられていたシベリアン・ハスキーは、19世紀の毛皮商人たちによって偶然発見され、1909年に北アメリカに持ち込まれました。

基本的なデータ

原産国　シベリア
起源　古代
初期の用途　そり犬
現在の用途　コンパニオン、犬ぞりレース
寿命　11〜13年
別名　アークティック・ハスキー
体重　16〜27kg
体高　51〜60cm

サモエド

　雪のように白い今日のこの犬種は、もともとはトナカイの猟や群れの管理に用いられていましたが、その本来の特徴の多くを現在でも持ち続けています。非常に穏やかな性質の人なつっこい犬です。番犬としても適していますが、特にコンパニオンとして飼われると、その本領を発揮します。攻撃的なところがないので、子供にもふさわしい犬です。多くのスピッツ犬種と同様、サモエドは訓練になかなか適応しないので、犬の訓練学校に入れるのが望ましいでしょう。飼い主は、この犬の長い豊かな被毛の手入れに、定期的に時間を費やす覚悟が必要です。

犬種の歴史

　丈夫で順応性のあるサモエドは、何世紀にもわたって、同名の遊牧民の種族がアジアの最北地方を移動する時につき従っていました。この犬種は、1889年に初めて欧米に伝わりました。

基本的なデータ

原産国	ロシア
起源	古代、1600年代？
初期の用途	トナカイの群れの管理
現在の用途	コンパニオン
寿命	12年
別名	サモエドスカヤ
体重	23～30kg
体高	46～56cm

非常に長く、りっぱな尾

スピッツ・タイプの犬 95

小さな両耳の間隔は、広くなっています

深く窪んだ暗色の眼は、白い被毛とよい対照をなしています

長く粗い首の周りの飾り毛が、柔らかく厚いアンダーコートを覆っています

趾は大きく、やや扁平です

日本スピッツ

　この毛むくじゃらの小さな犬は、ミニチュア化された犬種の典型的な例です。サモエドに非常によく似ていますが、その原種と比べて、体重は約5分の1であるにもかかわらず、ある点では5倍もの強さを持っています。活発で大胆なこの犬種は、1950年代に日本で非常に人気が高まりました。原産国ではその数が少なくなりましたが、ヨーロッパや北アメリカでは人気が高く、家庭の番犬として飼われています。日本スピッツはよく吠えますが、淘汰のための犬種改良によって、いく分この特徴は薄らいできています。

基本的なデータ

原産国　日本
起源　1900年代
初期の用途　コンパニオン
現在の用途　コンパニオン、番犬
寿命　12年
体重　5〜6kg
体高　30〜36cm

スピッツ・タイプの犬 97

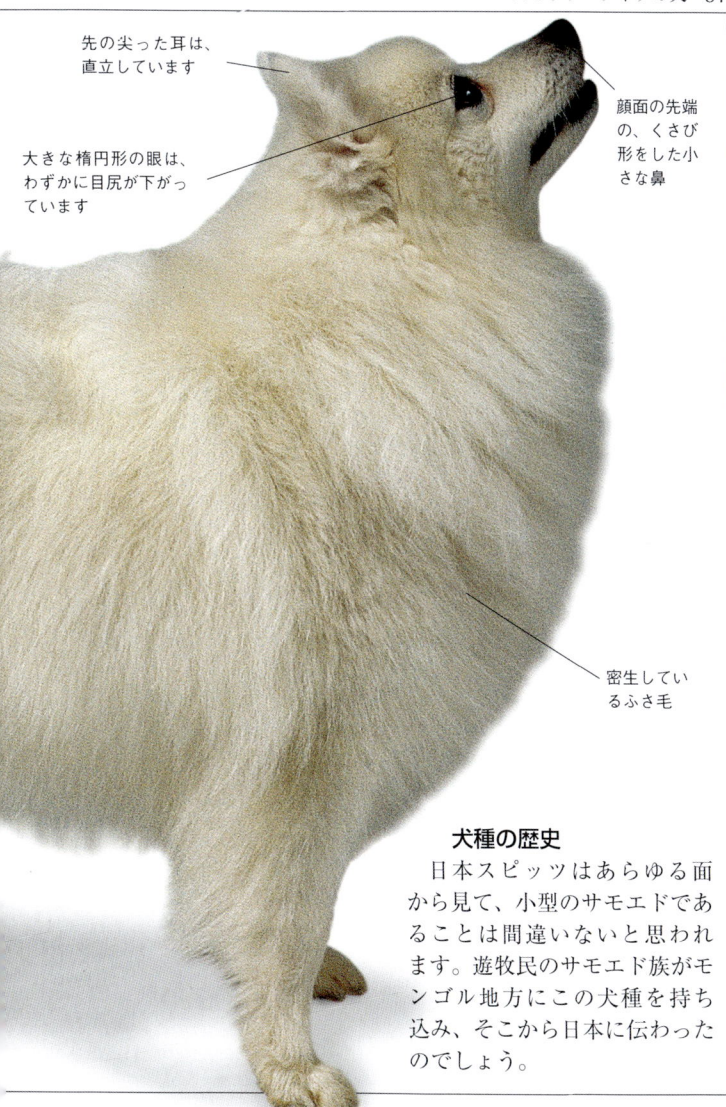

先の尖った耳は、直立しています

大きな楕円形の眼は、わずかに目尻が下がっています

顔面の先端の、くさび形をした小さな鼻

密生しているふさ毛

犬種の歴史

日本スピッツはあらゆる面から見て、小型のサモエドであることは間違いないと思われます。遊牧民のサモエド族がモンゴル地方にこの犬種を持ち込み、そこから日本に伝わったのでしょう。

アキタ犬

　日本犬種はすべてその大きさによって、大型犬（秋田）、中型犬（紀州、四国、北海道、甲斐）、小型犬（柴）に分類されています。その多くは中型犬ですが、唯一の大型犬種がこのアキタ犬です。この犬は、非常に印象的な力強い外貌をしています。多くは落ち着いた性質をしていますが、中には扱いが難しい犬もいます。この犬種は、生まれつき感情を表に出さず、人になつきにくいため、訓練には忍耐が必要かもしれません。特に雄には、他の多くの犬種に比べて、他の犬とケンカをする傾向が目立ちます。しかし、よく訓練された犬は、優れたコンパニオンや優秀な番犬になります。落ち着いた性質で堂々としたアキタ犬の飼い主には、経験を積んだ調教者が最も適しています。

基本的なデータ

原産国　日本
起源　1600年代
初期の用途　大型獣の狩猟、闘犬
現在の用途　コンパニオン、警備犬
寿命　10～12年
別名　秋田犬、秋田
体重　34～50kg
体高　60～71cm

さまざまな毛色

太くたくましい尾は、背の上に負っています

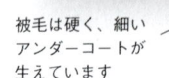

被毛は硬く、細いアンダーコートが生えています

スピッツ・タイプの犬 99

比較的小さく、分厚い、直立した三角形の耳

やや小さめの眼は、濃い褐色をしています

肘は、胴体にしっかりとついています

犬種の歴史

あらゆる日本犬種の中で最も大型のこの犬は、かつては闘犬用に飼育されていましたが、このスポーツが衰退すると、狩猟に用いられるようになりました。1930年代にはその数が減り、絶滅の危機に瀕していましたが、日本犬保存会が設立されたことによって生き残ることができました。

柴犬

　日本で最も人気のある土着犬である柴犬は、オーストラリア、ヨーロッパ、北アメリカでもその数が増えつつあります。かつては、成犬になっても歯が発達しないという傾向がありましたが、これは淘汰のための犬種改良によって改善されました。バセンジーと同じように、柴犬は滅多に吠えず、犬にはめずらしいキャッという声を出します。がっしりとした、やや独立心の強いこの犬は、経験と忍耐のある人にとっては魅力的な犬種です。

胸は厚く、肋骨はよく張っています

前脚はまっすぐで、肘は胴体にぴったりとついています

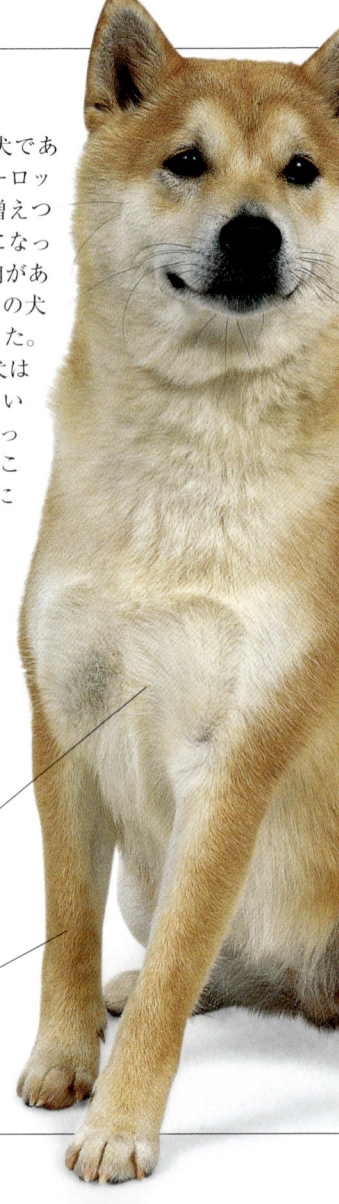

スピッツ・タイプの犬　101

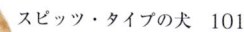

犬種の歴史

日本の土着犬の中で最も小さいこの犬種は、何世紀にもわたって、日本の山陰地方に生息していました。2500年以上前の骨が、発掘現場で発見されています。

さまざまな毛色

先の尖った口吻と暗色の鼻

三角形の小さな眼

よく発達した四肢と大腿部は、力強く優美な尻を支えています

太く、たくましい尾は、巻き上がっています

基本的なデータ

原産国　日本
起源　古代
初期の用途　小型の猟獣の狩猟
現在の用途　コンパニオン
寿命　12～13年
体重　8～10kg
体高　35～41cm

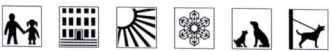

チャウチャウ

　チャウチャウはおそらく、生まれつき人になつきにくく、頑固な犬というイメージを持たれているでしょう。かつてのモンゴルや満州では、この犬の肉はごちそうでした。またこの犬の皮からは、毛皮服がつくられていました。しかし、この犬の名前は、食物を意味するアメリカのカウボーイの言葉とは関連がありません。1800年代にイギリスの水夫たちが、種々雑多な船荷の意味で使用していた言葉にちなんで命名したのです。外貌は太めのクマのぬいぐるみといった感じですが、チャウチャウは抱いてかわいがるような犬ではありません。特定の個人だけになつき、テリアと同じように、噛みつく癖があります。アンダーコートと粗毛をとり除くために、まめに手入れをしてやることが必要です。

基本的なデータ

原産国　中国
起源　古代
初期の用途　警備犬、荷車引き、食用
現在の用途　コンパニオン
寿命　11～12年
体重　20～32kg
体高　46～56cm

スピッツ・タイプの犬 103

犬種の歴史

チャウチャウの起源は現在でも分かっていませんが、スピッツの子孫であることは間違いありません。1700年代初頭の歴史学者たちの記述の中に、東洋で食用になっている舌の黒い犬のことが出てきます。チャウチャウは、1780年に初めてグレート・ブリテンにやってきました。

小さな暗色の眼と引き締まった瞼が、病気の原因にも

黒い舌

レッド

フォーン

クリームがかった白

黒　　　　ブルー

足は小さく、ネコに似ています

フィニッシュ・スピッツ

　仕事熱心で、人気の高いこのフィンランドの銃猟犬は、独立心が強く、ネコに非常によく似ています。非常に恐ろしい声を出すため、優れた番犬にもなります。森の中で羽ばたきを聞きつけると、鳥が舞い降りた木に突進し、ハンターが到着するまで休まず吠え続けます。また同じ方法で、リスやテンの猟にも用いられます。強い意志と独立心を持ったフィニッシュ・スピッツは運動好きで、極寒の天候の中での仕事にも耐えられます。体の大きさは中くらいで、用心深さと活発さを併せ持つこの犬種は、グレート・ブリテンや北アメリカで比較的よく見られます。将来は、ますますこの犬種の人気は高まると思われます。

基本的なデータ

原産国	フィンランド
起源	古代
初期の用途	小型哺乳類の狩猟
現在の用途	狩猟犬、コンパニオン
寿命	12～14年
別名	フィンスク・スペッツ スオメンピュステュコルヴァ
体重	14～16kg
体高	38～51cm

比較的まっすぐな肩から、たくましい前脚が伸びています

スピッツ・タイプの犬 105

犬種の歴史

　フィニッシュ・スピッツの祖先は、おそらくフィンランド人の祖先が最初にフィンランドにやってきた時に、連れていた犬であると考えられます。何世紀もの間、この犬種は、フィンランドの東側やロシアのカレリア地方に生息していました。ロシア革命の後、カレリアに生息していた犬は、カレロ フィニッシュ・ライカとして知られるようになりました。

尾はつけ根から、前方から下方へ、大きな曲線を描いています

胸は厚く、腹部はわずかにつり上がっています

後脚はたくましく、小さくて丸い脚の指の間は熱を逃がさないように被毛に覆われています

フィニッシュ・ラップフンド

　スカンジナビア北部やロシアのカレリア地方の至るところで、サーメ人は半家畜化したトナカイの群れの管理に犬を使用していました。土着犬の権利をはっきりさせようという動きが進むと、スウェーデン人とフィンランド人は共に、サーメのトナカイの群れの管理をしている犬は自分たちのものであると主張しました。問題を避けるために、スウィーディッシュ・ラップフンド（あるいはラップランド・スピッツ）とフィニッシュ・ラップフンド（あるいはラパンコイラ）の2種類の犬種が国際的に公認されたのです。これらは異なる国に生息していますが、本質的には同じ犬種です。フィンランドでは、牧畜犬としてのこの犬種の特徴が失われることのないように、選択をして犬種改良が行われています。その他の地域では、コンパニオンとして飼われることが多くなっています。がっしりとした体格をしたこの犬種は、密生した、豊かな、熱を逃がさない二重の被毛に覆われています。この犬種は、生まれつき持っている牧畜犬としての本能を維持してはいますが、仕事のためというよりも、密生した被毛と毛色のための犬種改良によって、この本能は薄らいできています。

尾は背中にきっちりと巻き上がっています

豊かな被毛は、特に胴体の後部の周りにおびただしく生えています

きれいなアーチ形をした指

スピッツ・タイプの犬 107

犬種の歴史

古くからサーメ人が家畜の管理に使用していたこの犬種は、子孫であるラパンポロコイラに比べて小さな体をしています。北方スピッツ犬種とヨーロッパ南部の牧畜犬との交配によってつくり出されました。もともとはトナカイの番犬として用いられていましたが、今日では通常、羊や牛の管理をしています。

両耳の間の頭蓋は広く、わずかにドーム形をしています。眼の上の鼻梁はやや突出しています

つけ根で幅が広くなっている耳は、短く直立しており、両耳の間隔が広くなっています

さまざまな毛色

前脚は、他の部分と比べて短く見えます

基本的なデータ

原産国　フィンランド
起源　1600年代
初期の用途　トナカイの群れの管理
現在の用途　コンパニオン、牧畜犬
寿命　11～12年
別名　ラパンコイラ
　　　ラップランド・ドッグ
体重　20～21kg
体高　46～52cm

108 家庭犬の種類

スウィーディッシュ・ラップフンド

　この犬種の歴史は非常に古く、あらゆる犬の中でも最もその起源が古いとされている、アジア原産の引き締まった体格をした視覚ハウンドと同じ頃に存在していたことは間違いありません。スウィーディッシュ・ラップフンドは、古くからサーメ人のトナカイの群れを管理したり、これを捕食者から守ってきました。1960年代には、この犬の警備犬としての能力が注目され、スウェーデン・ケンネル・クラブは、その仕事の能力を高めるために、犬種改良プログラムを始めました。この犬種は原産国以外の地域、特にスカンジナビアや英国で数多く見られるようになりました。

前脚の後ろ側には、とくに長い被毛が生えています

腹は、わずかにつり上がっています

スピッツ・タイプの犬 109

犬種の歴史

ノルウェーのバランゲル付近で発見された7000年前の犬の骨の化石は、今日のラップフンドに非常によく似ています。この犬種は純粋なノルディック犬種の典型例です。

レバー　　黒

レバー／白　　黒／白

耳は直立しており、先が尖っています

短く円錐形の口吻は、鼻の先端で幅が狭くなっています

オーバーコートは厚く、ごわごわしています。アンダーコートは、水をはじく性質があります

まっすぐな後脚

アーチを描く趾のあいだに、保温効果のある被毛が密生しています

基本的なデータ

原産国　スウェーデン
起源　古代、1800年代
初期の用途　トナカイの群れの管理
現在の用途　コンパニオン
寿命　12〜13年
別名　ラップフンド
　　　ラップランド・スピッツ
　　　ラップランドスカ・スペッツ
体重　19.5〜20.5 kg
体高　44〜51 cm

ノルウェジアン・ビュードッグ

「bu」という言葉は、ノルウェー語で家畜小屋、あるいは牛舎という意味で、この犬種のもともとの役目を表わしています。ビュードッグは家畜を管理する強い本能を持っており、活発な動きを特徴としています。グレート・ブリテンでは、次第にこの犬の人気が高まってきています。また、厳しい暑さにも耐えられるため、オーストラリアでも牧羊犬として用いられ、能力を発揮しています。しかし、眼と尻に遺伝性の問題が起こります。怒らせなければ、噛んだりしないため、子供にもふさわしく、優れたコンパニオンになります。また番犬としても優秀で、訓練も容易です。

基本的なデータ

原産国　ノルウェー
起源　古代
初期の用途　羊、牛の管理、農場の警備
現在の用途　コンパニオン、牧畜犬、農場の警備
寿命　12〜15年
別名　ノルスク・ビュードッグ
　　　ノルウェジアン・シープドッグ
体重　24〜26kg
体高　41〜46cm

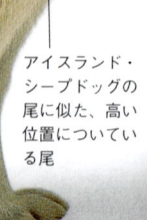

アイスランド・シープドッグの尾に似た、高い位置についている尾

スピッツ・タイプの犬　111

暗褐色のぱっちりとした眼と、暗色の瞼

口吻は短く、引き締まっています

小麦色

レッド

黒

がっしりして、引き締まった胴体

短く粗いオーバーコートと、密生しているアンダーコート

犬種の歴史

　ビュードッグはもともとは、そり引きに用いられたり、ハンターのコンパニオンとして飼われていました。現在では警備犬として、またコンパニオンとして飼われています。

ノルウェジアン・エルクハウンド

　がっしりとした体格をした、元気で活動的なこの犬種は、獲物を見ると、独特のよく通る声で吠えます。スカンジナビアに生息する3種類のエルクハウンドの中では、最も人気のある犬種です。スピッツ種の中では最も古い犬種で、ノルウェーで発見された石器時代の化石から、その起源が古代であることが確認されています。銃猟犬として仕事をする時には、獲物を狩ることはせずに、いかにも猟犬らしい方法で、その後を追跡します。この犬種は非常に用途が広く、ヘラジカだけでなく、オオヤマネコやオオカミの猟にも使用されてきました。また、ウサギやキツネなどの小型獣の回収犬としても優秀です。ノルウェーの農業従事者たちは、この犬種を庭のニワトリやアヒルの番犬として使用しています。

高い位置についている尾は、背中に巻き上がっています。被毛は、尾の下側で最も長くなっています

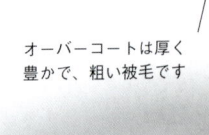

オーバーコートは厚く豊かで、粗い被毛です

犬種の歴史

ノルウェーの国犬であるこの犬種は、少なくとも5000年もの間、スカンジナビアに生息していました。現行のスタンダードは1800年代の後半に定められました。

被毛に覆われた小さな先の尖った耳は、極寒でもほとんど熱を逃がしません

口吻は先が細くなっていますが、尖ってはいません

硬く引き締まったたくましい首は、中くらいの長さです

がっしりとした肋骨に囲まれた広く厚い胸は、密生した被毛によって守られています

基本的なデータ

原産国	ノルウェー
起源	古代、1800年代
初期の用途	ヘラジカの猟
現在の用途	コンパニオン、銃猟犬
寿命	12～13年
別名	ノルスク・エルグフント（グラ)、エルクハウンド、グラフンド、スウェディッシュ・グレー・ドッグ
体重	20～23kg
体高	49～52cm

ルンデ

　小さな体で敏捷なルンデは、前足に通常4本ある指が、5本あるめずらしい犬種です。また足には並外れて大きなパッドと二重の狼爪があります。これらが、崖の細い道を登ったり、岩の多いクレバスを移動しながら、巣にたどり着き、ツノメドリを捕まえる際に、非常に強い握力を生み出しているのです。もうひとつ独特な特徴は、耳の軟骨に柔らかい襞があることです。このめずらしい構造上の特徴のおかげで、獲物を探して崖の通路を通る際に、耳を折りたたんで、滴り落ちてくる水が耳に入るのを防ぐことができるのです。活発でりこうなルンデは、現在では主にコンパニオンとして飼われています。

基本的なデータ

原産国　ノルウェー
起源　1500年代
初期の用途　ツノメドリ猟
現在の用途　コンパニオン
寿命　12年
別名　ノルウェジアン・パフィン・ドッグ
体重　5.5〜6.5kg
体高　31〜39cm

グレー　　黒

褐色／白　　黒／白

適度に筋肉の発達した体の後部は、スピードよりも敏捷な動きに適しています

スピッツ・タイプの犬 115

- 中くらいの大きさの直立した耳
- 密なオーバーコートは、体にぴったりとついています
- 褐色の、かなり深く窪んだ眼
- 小さな、くさび形をした頭部
- 前足の特大のパッドと二重の狼爪

犬種の歴史

　ルンデはノルウェー北部のベログとロストが原産地です。何世紀にも渡り他の犬種から孤立した状態で、海岸の切り立った崖にあるツノメドリの巣から、トリを捕まえるために使用されていました。1943年に初めて犬種として公認されました。

ジャーマン・スピッツ

　ジャーマン・スピッツは、その大きさによって、ジャイアント・スピッツ、スタンダード・スピッツ、トイ・スピッツの3種類に分類されています。ジャイアント・スピッツとトイ・スピッツは、コンパニオン犬として飼われてきましたが、3種類の中で最も数の多いスタンダード・スピッツは、かつては有能な使役犬として、農家で飼われていました。最近では、この犬種の人気は下降しており、りこうで、よくじゃれるトイ・スピッツでさえ、非常に似かよった犬種であるポメラニアンに押されつつあります。この人気の下降は、全く予想できないことではありませんでした。というのは、スピッツは他の多くの犬種に比べて世話が大変で、特にその被毛は、くしゃくしゃにならないように日頃の手入れが必要です。残念ながらこの犬の多くは、手入れされるのをひどく嫌がります。また、他の犬や見知らぬ人を嫌う犬もいて、特に雄にその傾向が目立ちます。ドーベルマンやジャーマン・シェパードなどの多くの警備犬と異なり、ジャーマン・スピッツを訓練するのは簡単ではありません。しかし、この優美で自信に満ちた犬種は、ドッグ・ショー用の美しい犬でもあります。また、訓練さえすれば、穏やかなコンパニオン犬になります。

さまざまな毛色

密でやや粗い、無地の被毛が胸部を覆っています。尾には非常に長い被毛が生えています

犬種の歴史

　ジャーマン・スピッツは、おそらくスピッツ・タイプの牧畜犬の子孫であり、バイキングの略奪品とともにヨーロッパにやってきたと考えられます。1450年頃には、すでにドイツ文学の中にスピッツについての記述が見られます。3タイプのジャーマン・スピッツは、形態はみな同じですが、大きさと毛色が異なっています。ジャイアント・スピッツの毛色には、白、褐色、黒がありますが、小型のふたつの種類には、さらに多くの毛色が見られます。

基本的なデータ

原産国	ドイツ
起源	1600年代
初期の用途	コンパニオン（グロス、クライン）、農家の使役犬（ミッテル）
現在の用途	コンパニオン（グロス、クライン、ミッテル）
寿命	12〜13年（グロス）、13〜15年（ミッテル）、14〜15年（クライン）
別名	ドイチェ・スピッツ（グロス） ドイチェ・スピッツ（ミッテル） ドイチェ・スピッツ（クライン）
体重	17.5〜18.5kg（グロス） 10.5〜11.5kg（ミッテル） 8〜10kg（クライン）
体高	40.5〜41.5cm（グロス） 29〜36cm（ミッテル） 23〜28cm（クライン）

ポメラニアン

ビクトリア女王に飼われたことがきっかけとなり、ポメラニアンは一般にも普及しました。初期には、体は今よりも大きく、毛色は雪よりも白い色をしていました。毛色が白い犬種といえば、通常は体重が13kgにも及ぶ大型犬でしたが、それと同時に犬種改良家たちはできるだけ小型の犬種を選んで、現在一般的になっているセーブルやオレンジ色の犬種をつくり出したのです。最近では小型になったポメラニアンですが、もともとは大型の犬種で、現在でもその行動に「ビッグ・ドッグ」の名残をとどめています。この犬種はむやみに吠える習性があるので、優秀な番犬になり、自分よりも大きな犬に対しても向かっていきます。またコンパニオン犬としても非常に優れています。

基本的なデータ

原産国　ドイツ
起源　中世、1800年代
初期の用途　コンパニオン
現在の用途　コンパニオン
寿命　15年
別名　ドワーフ・スピッツ、ルル
体重　2〜3kg
体高　22〜28cm

クリームがかったホワイトセーブル

赤みがかったオレンジ

ブルー

グレー

褐色

黒

スピッツ・タイプの犬　119

犬種の歴史

今日の小型犬の原産地はドイツのポメラニアで、大型のジャーマン・スピッツの中でも小型の犬種をもとにつくり出されました。この犬の典型的なスピッツの体形とオレンジ色の体毛は、その起源が北極地方であることを示しています。

耳は小さく直立しており、キツネに似ています

首の周りの飾り毛は、北極地方のあらゆるスピッツ犬種にみられます

尾はボディの側面にもたれています

パピヨン

　パピヨンの優美な外観は、この犬を弱々しく見せています。蝶々の羽を思わせる印象的な耳（パピヨンはフランス語で蝶々を意味します）、小さな体、細い絹糸のような豊かな上毛を持つこの犬種は、典型的な小型愛玩犬として、おっとりと世間の様子を眺めているように思われがちですが、実際はそうではありません。ポメラニアンと同様、パピヨンを正しく訓練すれば、よく服従するようになります。しっかりとした体格をした、健康な犬種ですので、都会にも田舎にも適しています。多くの小型愛玩犬種と同様に、肉体的には膝頭をはずしやすく、心理的には飼い主を独占したがる傾向があります。

細く長い脚は、野ウサギに似ています

スピッツ・タイプの犬　121

犬種の歴史

パピヨンは16世紀のスパニッシュ・ドワーフ・スパニエルの子孫であるといわれていますが、その体形と長い被毛は、北方スピッツ犬種の血を引いていることを示しています。

基本的なデータ

原産国	ヨーロッパ大陸
起源	1600年代
初期の用途	コンパニオン
現在の用途	コンパニオン
寿命	13～15年
別名	コンチネンタル・トイ・スパニエル
体重	4～4.5kg
体高	20～28cm

先端が丸くなった耳は、後頭部に向かって反っています

蝶々の羽のように、斜めになった耳

豊かな絹糸のようなオーバーコート。アンダーコートはありません

ふさふさした尾は、毎日のグルーミングが必要です

シッパーキ

　シッパーキはその小さな体に似合わず、攻撃的な性質を持っています。この引き締まったエネルギーのかたまりは、かつてフランダースやブラバントの運河を通っていたはしけに乗り込んで、小型の害獣を駆除したり、怪しい人物の侵入を船頭に知らせたりして活躍していました。また陸上でも使用されて、ネズミ、ウサギ、モグラ狩りに能力を発揮していました。はつらつとした犬で、大きさも手頃なため、理想的な家庭のコンパニオンになります。

筋肉が発達した、力強い後脚

小さく丸く引き締まった趾

基本的なデータ

原産国　ベルギー
起源　1500年代初頭
初期の用途　小型哺乳動物の狩猟、はしけの警備
現在の用途　コンパニオン
寿命　12〜13年
体重　3〜8kg
体高　22〜33cm

スピッツ・タイプの犬 123

小さく引き締まった直立耳は、高い位置についています

被毛は、首の周りで最も長くなっています

暗褐色の小さな楕円形の眼

キツネに似た頭部

アンダーコートが密生しているため、オーバーコートは体から立つように生えており、首の周りの飾り毛になっています

分厚く幅の広い胸は、わずかに粗い被毛に覆われています

犬種の歴史

　この小さなはしけの船長は、何世紀も前から存在していましたが、その正確な起源は分かっていません。解剖学的構造からは、典型的なスピッツ・タイプの犬で、おそらくジャーマン・スピッツやポメラニアンなどの他の大陸ヨーロッパのスピッツと同じ仲間であると思われます。

キースホンド

　アメリカ合衆国、カナダ、グレート・ブリテンなどの国々では、キースホンドとジャーマン・ウルフスピッツを異なる犬種として分類していますが、その他の国々では、このふたつの犬種を区別していません。かつてこれらの犬は、オランダのはしけの上で、コンパニオンとして飼われていましたが、100年以上前から、ずっと陸上で飼われるようになりました。賢いこの犬種は、都会においても田舎においても、優れた番犬として、また気立ての良いコンパニオンとして飼うことができますが、しっかりとした扱いが必要です。この犬種は、北アメリカで根強い人気があります。

趾は非常に小さく、ネコに似ています。いかにもスピッツ・タイプの犬らしく、指の間には被毛が密生しています

スピッツ・タイプの犬　125

犬種の歴史

　オランダの政治家コルネリウス（キース）ド・ギゼラーにちなんで命名されたキースホンドは、かつてオランダ南部のブラバントやリンビュルク地方で、警備犬として、また小さな害獣を駆除する犬として人気がありました。グレート・ブリテンや北アメリカでは、最も人気のある大型のヨーロッパ・スピッツ犬種です。

被毛の先端は黒くなっています

口吻はあまり長くなく、かなり幅が狭くなっています

豊かな被毛は、首の周りに最も密生しており、飾り毛になっています

基本的なデータ

原産国　オランダ
起源　1500年代
初期の用途　はしけの歩哨
現在の用途　コンパニオン、番犬
寿命　12～14年
別名　ウルフスピッツ
体重　25～30kg
体高　43～48cm

テリア犬種

テリア犬種はハウンド犬種をもとにつくり出されました。外観では、ドイツのダックスフンドが淘汰のための犬種改良によって、嗅覚ハウンド犬種をミニチュア化した代表的な例です。また、犬種改良は犬の性格面にもなされました。テリアほどトンネルを掘る能力に秀でた犬種グループはありません。この攻撃的な犬は、現在でも穴に住む哺乳類と、相手の縄張りで正面から闘います。

ダンディー・ディンモント・テリア

ルーツはアングロサクソン

ダックスフンドをはじめとする、穴にもぐることが達者な犬の多くは、ヨーロッパの国々でつくり出されました。世界中のほとんどのテリアはグレート・ブリテンの原産です。テリアという名前は、地球を意味するラテン語の「terra」に由来しています。あらゆるテリア犬種の起源は、比較的最近です。テリアに関する記述が初めて登場したのは、イギリスの医師ジョン・カイウスの1560年の著述でした。彼はこの中で、テリアはケンカ好きで、すぐに嚙みつき、牛小屋での生活に耐えられる唯一の犬種であると述べています。その当時、唯一存在していたのは、四肢の短いテリアで、キツネやアナグマを巣穴から追い出すことのみに用いられていました。カイウス博士や1700年代のトーマス・ビューイックをはじめとする他のイギリスの著述家の記述の中には、テリアの被毛は粗く、その毛色は通常、黒とタン、あるいはさまざまなフォーンであることが記されていました。またこの犬種は、直立した耳と活発な気質を持っていました。これらのたくましく、筋肉のよく発達した犬にとっては、アナグマやキツネだけでなく、ネズミ、イタチ、カワウソ、ヘビなど、あらゆる動物が獲物でした。

粘り強い性質で、穴にもぐるのが達者なテリア種は、使役犬として、他のどの犬種よりも優れた殺し屋で、体が小さくなければなりませんが、それと同時に、絶対的な勇気と決断力と精神的な強さが必要でした。テリア種には、現在でもこれらの特性が残っているため、重い病気を克服することにかけては、他のどの犬種グループよりも優っています。

有能な何でも屋

19世紀には、四肢の短いテリアはフォックスハウンドと共に狩りに用いられ、ハウンドが狙ったキツネを追い詰めて、これをとり囲むと、テリアが放たれ、とどめの一撃を加えるのです。また、テリア

テリア犬種　127

ヨークシャー・テリア

地域によって異なる犬種

　仕事熱心で、四肢の短い、一般にテリアと呼ばれる犬種は、グレート・ブリテンとアイルランドの至る地域に生息していました。しかし1800年代に繁殖者たちが、用途に合わせて犬種改良を始めると、地域によってさまざまな犬種がつくり出されました。これらの犬種は、獲物を穴の中まで追いかけることはしないで狩り出し、捕殺して、運びます。グレート・ブリテン以外の地域では、丈夫なブリティッシュ犬種が輸入され、チェスキー・テリアなどの新たな犬種がつくり出されました。

人間を楽しませてくれるコンパニオン

　ペットとしても、テリアは楽しい犬です。周囲を引っかき回すのが大好きなのです。しかし、どんなに小型の犬でも、噛みつく本能は持っています。ほとんどのテリア種は、早い段階で、むやみに吠え立てないようにしつければ、優れた番犬になります。

は農家のコンパニオン犬としても愛され、建物に害をなす小型の害獣を駆除してきました。また、スポーツにも用いられていました。パタデール・テリアやヨークシャー・テリアは、ネズミ捕り競技のことも考えてつくり出されたのです。その他の地域でも、グレン・オブ・イマールなどのテリアが、広々とした広場やピットで、他の犬や動物と闘っていました。牛攻めのための犬種は、攻撃性を高めるためにテリアの血が加えられ、ブル・テリアがつくられました。ピット・ブルをはじめとするブル・テリアと、他の大型のたくましい犬種との違いは、その粘り強さにあります。ブル・テリアは、一度噛みつくと、決して相手を離しません。レークランド・テリア、ウェルシュ・テリア、アイリッシュ・テリアなどの使役犬では、この性質は「ゲームネス」と呼ばれています。

ケリー・ブルー・テリア

レークランド・テリア

　使役犬としてのレークランド・テリアは、機敏で、冷酷なハンターでした。グレート・ブリテンのレーク・ディストリクト地方の岩の土地で、獲物の追跡に才能を発揮し、自分よりもかなり大型の動物と果敢に対決していました。この犬種の祖先は、おそらくウェルシュ・テリアと同じように、現在では絶滅した黒地に褐色のぶちのテリア種であると考えられます。レークランド・テリアは、かつてドッグ・ショーで人気が高かった時期もあり、グレート・ブリテンやアメリカ合衆国のショーで優勝したこともありました。しかし現在では他の流行の犬種に比べると、その数は少なくなっています。この犬種は忠実なテリアですので、辛抱強い飼い主にとっては最適です。

暗色の眼は、ひたむきで恐れを知らない表情を見せています

小麦色　　ブルー

レッド　　黒

ブルー／タン

黒／タン

犬種の歴史
　恐れを知らない敏捷なレークランド・テリアは、イングランドの北部地方の農家の人たちによってつくり出され、羊小屋を捕食者から守るために用いられていました。

テリア犬種　129

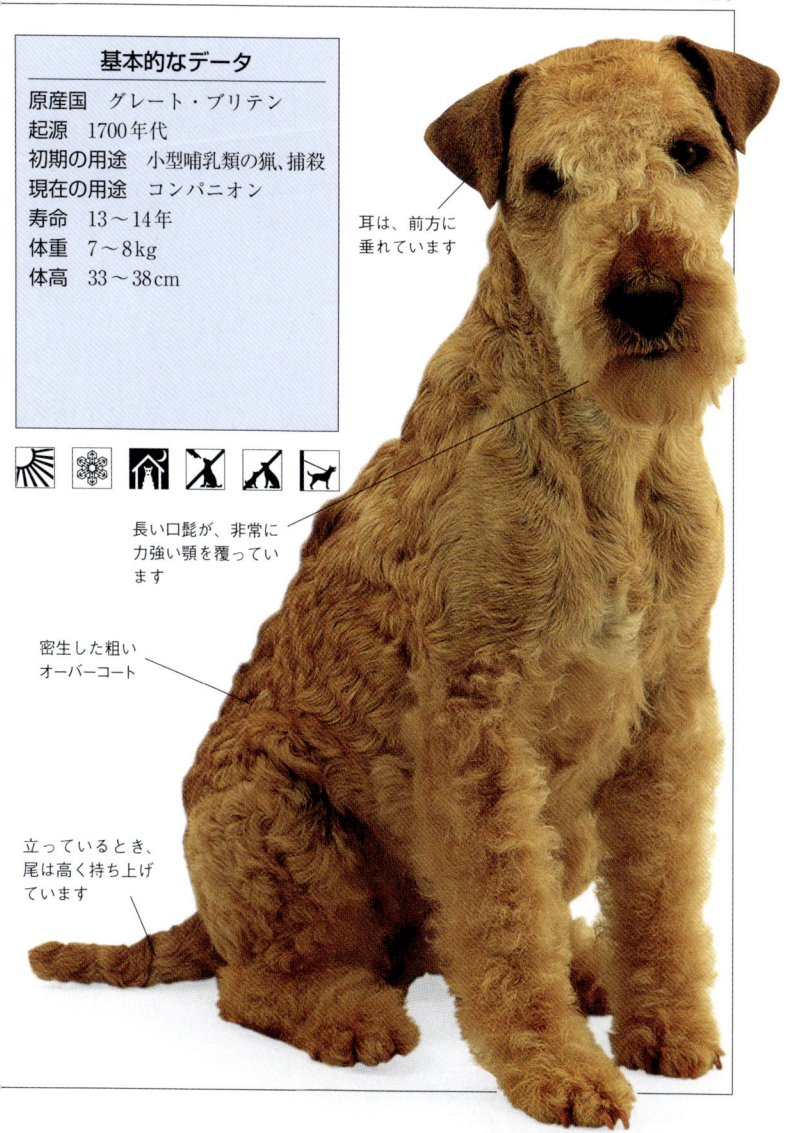

基本的なデータ

原産国　グレート・ブリテン
起源　1700年代
初期の用途　小型哺乳類の猟、捕殺
現在の用途　コンパニオン
寿命　13～14年
体重　7～8kg
体高　33～38cm

耳は、前方に垂れています

長い口髭が、非常に力強い顎を覆っています

密生した粗いオーバーコート

立っているとき、尾は高く持ち上げています

ウェルシュ・テリア

　この元気の良い、頑固なテリアは、精神的にも肉体的にも活動的な犬です。グレート・ブリテンよりも北アメリカで人気があるウェルシュ・テリアは、引き締まった体格の犬で、コンパニオンとして適していますが、現在でも田舎の小型の害獣の捕殺に、並外れた能力を発揮しています。もともと使役犬としてつくられたウェルシュ・テリアは、訓練するのがそれほど難しい犬ではありませんが、犬同士のケンカでは決して後へは引きません。

力強く、筋肉質な大腿部は、骨太で十分な長さがあります

基本的なデータ

原産国　グレート・ブリテン
起源　1700年代
初期の用途　ネズミ捕り
現在の用途　コンパニオン
寿命　14年
体重　9～10kg
体高　36～39cm

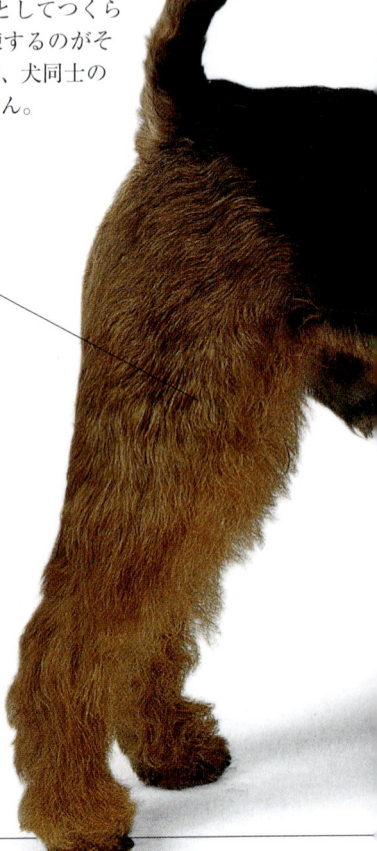

テリア犬種　131

犬種の歴史

　この犬種は、1760年代に北ウェールズでつくり出されました。その直接の祖先は、現在では絶滅したオールド・イングリッシュ・ブロークン（コースヘアード）の黒地に褐色のぶちのテリアであると考えられます。

眼は小さく暗色で、油断なく警戒しています

わずかにアーチ形をした、やや太い首

豊かな顎髭には食べ物がつきやすいので、常に気を配ってやることが必要です

豊かな針金状のオーバーコートが、細いアンダーコートを覆っています

小さく丸い趾には、硬く黒い爪とパッドがあります

エアデール・テリア

　「テリア」という言葉は、フランス語で、獲物を穴の中まで追いかける能力、という意味ですが、エアデール・テリアはその名にふさわしくない大きな体格をしています。しかし、他のあらゆる点では、この犬種グループの本質を備えています。エアデール・テリアは生まれながらの番犬で、他の犬とすぐにケンカをするマイナス面も持っていますが、丈夫で、勇敢で、忠実な気質のため、警察犬、歩哨犬、伝令として用いられてきました。生来の頑固なところがなければ、人気の高い、優れた使役犬になれるでしょう。

顎髭が、力強い顎を覆っています

犬種の歴史

　エアデール・テリアの原産地は、ヨークシャーです。リーズで働く賃金労働者たちが、オールド・イングリッシュ・ブロークンヘアード・テリアとオッターハウンドとを交配させて、この極めて用途が広い、「テリアの王様」をつくり出しました。

基本的なデータ

原産国	グレート・ブリテン
起源	1800年代
初期の用途	アナグマ、カワウソの猟
現在の用途	コンパニオン、警備犬
寿命	13年
別名	ウォーターサイド・テリア
体重	20～23kg
体高	56～61cm

テリア犬種 133

テリアの眼は、鋭く油断なく警戒しています

耳は小さく、V字型をしています

硬く密生した、針金状の被毛は、ショーのために専門家の手入れが必要です

頭部、耳、顎髭はタンのみです

よく発達して力強い大腿部

前脚は完全にまっすぐで、骨太です

小さく丸い、引き締まった趾

ヨークシャー・テリア

　エネルギーのかたまりのようによくじゃれるこの犬種は、現在グレート・ブリテンで最も数多く見られる純血種の犬です。犬の持つあらゆる長所を兼ね備えたミニチュア種であるため、ヨーロッパの他の地域や北アメリカでも同じように人気があります。犬種改良がエスカレートした結果、神経質で、おとなしい犬がつくり出されるようになりましたが、そうした犬は小数派です。典型的なヨークシャー・テリアは、その小さな体からは想像できないほど精力的な犬種なのです。この犬の活発な動きを見ていると、そのエネルギーは無限であるかのように思えます。しかし、残念なことに、小型化によって、歯肉の病気や気管の虚脱をはじめとする多くの健康上の問題が出てきています。この犬種はおしゃれなアクセサリーのように思われがちですが、もともとの粘り強く、強情な気質を、現在でも失ってはいません。

V字形の直立した耳

犬種の歴史

　世界中で最も人気のあるこのテリアは、1800年代の初頭に、ヨークシャーのウェスト・ライディング地方でつくり出されました。鉱山労働者たちが、ネズミ捕り用に、ポケットに入るぐらいの小さなテリアをつくったのです。おそらくブラック・アンド・タン・テリアに、ペーズリー・テリアとクライデスデール・テリアをかけ合わせてつくり出されたと思われます。

真っ黒な鼻は、年齢を重ねるに従って、色が薄くなっていくことがあります

胴体部の被毛は長く、まっすぐです

テリア犬種 135

長い被毛には、絶えず気を配ってやらなければなりません。被毛はブラシでサイドに分けるか、刈り込みます

非常に幅の狭い顔面は、豊かな頬髭によって方形に見えます

基本的なデータ

原産国　グレート・ブリテン
起源　1800年代
初期の用途　ネズミ捕り
現在の用途　コンパニオン
寿命　14年
体重　2.5〜3.5kg
体高　22.5〜23.5cm

オーストラリアン・シルキー・テリア

　ブルー＆タンのオーストラリアン・シルキー・テリアは、外観はヨークシャー・テリアによく似ていますが、これよりも大型の犬種で、ヨーロッパに紹介される以前から、アメリカ合衆国やカナダに定着していました。がっしりとした体格で、ヨークシャー・テリアと同様に、キャンキャンとよく吠える犬種です。縄張り意識が強く、見知らぬものの侵入を甲高い声で知らせます。体は小さいですが、小型のげっ歯動物の捕殺犬として優れています。独立心が強く、人間のいうことをきかなくなることがあるため、この犬と平和に共存するには、早期の訓練が欠かせません。頑固な犬種のため、子犬のうちから調教や見知らぬものに慣らしておかないと、これらに適応できなくなることがあります。シルキー・テリアの被毛はもつれやすいため、美しさを保つためには、毎日ブラッシングしてやることが必要です。アンダーコートが密生していないので、寒い気候には耐えられないことがあります。

犬種の歴史

　19世紀後半に現れたオーストラリアン・シルキー・テリアは、オーストラリアン・テリアとヨークシャー・テリア、それにおそらくスカイ・テリアの血が入っていると思われます。主にコンパニオンとして飼われています。

力強く、たくましい大腿部

タンの被毛が膝からネコのような趾にまで生えています

テリア犬種 137

基本的なデータ

原産国　オーストラリア
起源　1900年代
初期の用途　コンパニオン
現在の用途　コンパニオン
寿命　14年
別名　シルキー・テリア
体重　4～5kg
体高　22.5～23.5cm

耳は薄く、V字形で、直立しています

被毛は眼にかかってはいません

銀白色の被毛（ブリーダーはブルーと呼びます）が、腕前部まで覆っています

オーストラリアン・テリア

　丈夫で、どんな相手にも向かっていくオーストラリアン・テリアは、理想的な農家の犬でした。ヘビをも含むあらゆる小型の害獣の捕殺に能力を発揮すると同時に、注意力の旺盛な番犬として、農場の中にポツンと建っている家を侵入者から守っていました。これらの特徴が現在でも残っているため、子犬の時から他の犬やネコと一緒に飼育されていない場合には、すぐに他の犬とケンカをしたり、ネコのじゃまをしたりする傾向があります。しかし、この犬は楽しいコンパニオンで、訓練によってよく服従するようになります。シルキー・テリアと同様、第二次世界大戦後に、軍隊やビジネスマンによって北アメリカに持ち込まれました。この犬種は、現在でもオーストラリアとニュージーランドで最も数多く飼われていますが、主な英語圏の国々でも見られるようになりました。

犬種の歴史

　このたくましいオーストラリア原産の犬には、ケアン・テリア、ヨークシャー・テリア、スカイ・テリア、それにおそらくノーリッチ・テリアといった数種のイギリスのテリアの血が入っています。農場や牧場で仕事をする優れたネズミ捕殺犬をつくり出すために、これらの犬種が入植者たちによってオーストラリアに持ち込まれたのです。

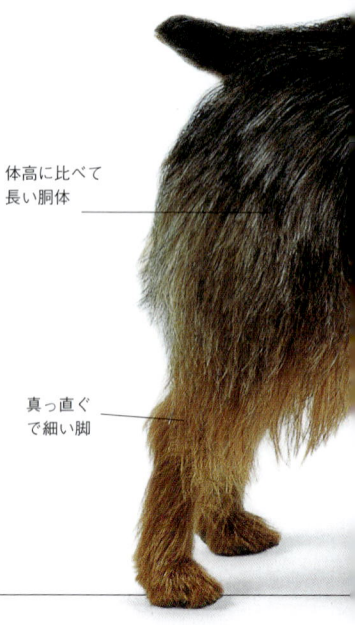

体高に比べて長い胴体

真っ直ぐで細い脚

テリア犬種 139

基本的なデータ

原産国　オーストラリア
起源　1800年代
初期の用途　農場のネズミ捕り、
　　　　　　番犬
現在の用途　コンパニオン
寿命　14年
体重　5〜6kg
体高　24.5〜25.5cm

黒/タン　　薄茶色

眼は小さく、暗色で、生気にあふれています

長く、平らな頭蓋

引き締まり、わずかにすぼまった口

小さく、引き締まった趾には、黒い爪があります

アイリッシュ・テリア

　現在では主にコンパニオン犬として飼われていますが、アイルランドでは、今でも優れた狩猟能力がよく利用されています。この犬は泳ぎが達者であると同時に、小型の害獣の駆除にも優れた能力を発揮します。アメリカ合衆国では、これらの能力は、野外実地競技用や、おとりを使用する狩猟によって維持されています。すらりとした体格で、悠々とした歩調を見せ、あらゆるテリア種の中で最も優雅な犬種であると思われます。飼い主の家族にとってはよき遊び相手になりますが、他の犬にとっては実に恐ろしい存在で、闘いの際には決して後に引きません。従って、十分に訓練されていない場合には、常にリードをつけておく必要があります。

基本的なデータ

原産国	アイルランド
起源	1700年代
初期の用途	番犬、小型の害獣の猟
現在の用途	コンパニオン、野外実地競技用、狩猟、小型の害獣の猟
寿命	13年
別名	アイリッシュ・レッド・テリア
体重	11～12kg
体高	46～48cm

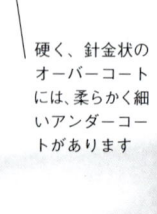

高い位置についている尾には、被毛がありません

硬く、針金状のオーバーコートには、柔らかく細いアンダーコートがあります

テリア犬種　141

耳は高い位置で折れ、頬について垂れています

小さな暗色の眼は、生き生きとしています

わずかに生えている滑らかな顎髭は、経験者による刈り込みが必要です

適度な長さの幅の広い首は、通常両側に飾り毛があります

まっすぐな四肢は、骨太で筋肉質です

犬種の歴史

　アイルランド南部のコーク州の周辺地域でつくり出されたこの元気な犬種の祖先は、おそらく昔の黒地に褐色のぶちのあるテリアや、小麦色のテリアであると考えられます。

ケリー・ブルー・テリア

　この犬種の子犬は黒い毛色で生まれてきますが、生後9カ月から24カ月の間にブルーに変わります。一般に、毛色が変わる時期が早いほど、淡いブルーになるようです。アンダーコートがなく、オーバーコートも抜けないため、家庭のペットとして適しています。何でも屋のテリアで、優れた警備犬、ネズミ捕り、水上の回収犬、牧畜犬として用いられてきました。ネズミやウサギの猟は、現在でもアイルランドで仕事をするケリー・ブルーの生活の一部となっています。

基本的なデータ

原産国　アイルランド
起源　1700年代
初期の用途　アナグマ、キツネ、ネズミ猟
現在の用途　コンパニオン、野外実地競技用、ネズミ、ウサギ猟
寿命　14年
別名　アイリッシュ・ブルー・テリア
体重　15〜17kg
体高　46〜48cm

豊かな顎髭は、絶えず気を配ってやる必要があります

力強い首が、傾斜している肩に延びています

豊かな毛に覆われた小さな趾

テリア犬種　143

犬種の歴史

アイルランド政府によって国犬に指定されたこの犬種の原産地は、ケリー州です。1922年に、イギリスの飼育者のケイシー・ヒューイット夫人によってこの犬種のスタンダードが定められ、国際的な犬種として公認されました。

尾は高く上がります

柔らかく、絹糸状の豊かな被毛は、はさみで刈り込む必要があります

ソフトコーテッド・ウィートン・テリア

　アイルランドのテリアの中でおそらく最も穏やかなこの犬種は、最近ではカナダやアメリカ合衆国で、おしゃれで楽しいコンパニオンになっています。用途の広いこの犬が人気を得るのは当然のことですが、この用途の広さは、農民が猟犬を飼うことを禁じたアイルランドの古い法律に由来しています。この法の規定を克服するために、まさに「農犬」といった外観をしたこの犬がつくり出されたのです。その結果、テリアのスタンダードによれば、適度に従順で、訓練のしやすいコンパニオンとなったのです。

基本的なデータ

原産国	アイルランド
起源	1700年代
初期の用途	家畜の管理、小型の害獣の猟
現在の用途	コンパニオン
寿命	13〜14年
体重	16〜20kg
体高	46〜48cm

テリア犬種　145

犬種の歴史

　ケリー・ブルー・テリアとアイリッシュ・テリアの両方の血が入っています。アイルランド南部のケリー州とコーク州に何世紀にもわたって土着していたこの犬種は、多目的の使役犬でした。警備や狩猟に、また家畜の群れを追ったり、管理するのに用いられていました。

かなり長い頭部

小さく薄いV字形の耳には、飾り毛があります

適度に長く、力強い首

ウェーブのかかった柔らかい被毛には、緩いカールが見られます。毛色はよく実った小麦の色です

趾は非常に小さく、引き締まっており、黒い爪があります

グレン・オブ・イマール・テリア

　この犬はアイルランドのテリアの中で、最もめずらしい犬種です。この島に生息するもうひとつの「農犬」と共に、極めて粘り強い気質を特徴としています。この犬種は、選択改良によって社会に適応できるようになりましたが、それ以前はキツネやアナグマを狙うどう猛なハンターであり、獲物を追って地下の巣穴にもぐり、最後まで相手と闘うことができるだけの小さな体をしていました。この犬種は闘犬にも使用されていましたが、屋内に競技場が設けられていたグレート・ブリテンとは異なり、アイルランドでは、広々とした広場で闘いが繰り広げられていました。

　1933年に初めてショーに出陳された今日のグレン・オブ・イマール・テリアは、比較的穏やかで、愛情深いコンパニオンになります。しかし、ケンカでは決して後へは引きません。

耳は自然に上がっています

粗い、中くらいの長さの豊かなオーバーコートが、熱を逃がさない細いアンダーコートを覆っています

たくましく、わずかに外側に向いた趾には、黒い爪としっかりとしたパッドがあります

小麦色

ブルー

レッド・ブリンドル

ブラック・ブリンドル

テリア犬種　147

基本的なデータ
原産国　アイルランド
起源　1700年代
初期の用途　小型の害獣の猟
現在の用途　コンパニオン
寿命　13〜14年
体重　15.5〜16.5kg
体高　35.5〜36.5cm

犬種の歴史

　起源の分からないこの古い犬種は、アイルランド東部のウィックロー州にある渓谷にちなんで命名されました。この犬は丈夫でたくましく、順応性があり、グレンの起伏に富んだ地形でのキツネやアナグマ猟には理想的でした。

胴体は体高に比べて長く、全体ががっしりとして見えます

ノーフォーク・テリア

　ノーフォーク・テリアとノーリッチ・テリアは、耳以外は、その外観も、起源も、性質も、役割も全く同じです。ノーフォーク・テリアは楽しい小型犬で、いかにもテリアらしく、目にしたネズミは必ず攻撃して、これをしとめなければ気が済まないという本能を持っています。あらゆるテリアと同じように、この犬種の生まれつきの本能をうまく利用するためには、ネコの前に出す時に注意が必要です。性質が良く、丈夫なため、優れたコンパニオン犬になります。また番犬としても優秀で、見知らぬものや異常な物音に対して吠える習性があります。都会でも田舎でも適応できますが、この四肢の短い犬種が思う存分走り回れるだけの広い庭が必要です。

基本的なデータ

原産国　グレート・ブリテン
起源　1800年代
初期の用途　ネズミ捕り
現在の用途　コンパニオン
寿命　14年
体重　5〜5.5kg
体高　24.5〜25.5cm

小さく丸い趾には、しっかりとしたパッドがあります

テリア犬種 149

小麦色
レッド
黒／タン
グリズル

硬くまっすぐな、
針金状の被毛

わずかに先が
丸くなった耳
は、頬にぴっ
たりとついて
垂れています

犬種の歴史

ノーリッチ・テリアには、初めて犬種として公認された時から、直立耳と垂れ耳の2種類の子犬が生まれていました。そのために議論が起こり、その結果、1965年に垂れ耳のノーフォーク・テリアが別の犬種として公認されることになったのです。

ノーリッチ・テリア

　あらゆるテリアの中で最も小さなノーリッチ・テリアは、100年以上にわたってイングランド東部に生息していました。1800年代の後半には、ケンブリッジ大学の学生たちが、この犬をマスコットとして使用していましたが、初めて犬種としてショーに出品されたのは1935年のことでした。ノーリッチ・テリアは尊大なテリアの典型であり、自分自身の力を強く信じています。しかし、家庭のコンパニオンとしては理想的な犬で、少し大きくなった子供となら慣れ親しむことができます。団体訓練や家庭でのしつけも難しくはなく、非常に厳しい運動にも適応できます。ノーリッチ・テリアは、遺伝性の重い病気とは無縁です。

基本的なデータ

原産国　グレート・ブリテン
起源　1800年代
初期の用途　ネズミ捕り
現在の用途　コンパニオン
寿命　14年
体重　5〜5.5kg
体高　25〜26cm

短く引き締まった胴体と、幅の広い胸郭

テリア犬種　151

頭部は、わずかに丸みを帯びています

耳は必ず直立しています

犬種の歴史

　アイリッシュ・テリアの血を引く小さな赤いテリアが、1800年代には数多く生息していました。ノーリッチ・テリアの祖先は、これらの犬か、あるいは絶滅したトランピントン・テリアであると考えられます。

小麦色　　レッド

黒／タン　　グリズル

非常に筋肉質な体の後部から、並外れた推進力が生まれます

ボーダー・テリア

　ボーダー・テリアは、他の犬種の血が混ざっていない純血種です。非常に狭い巣穴までキツネを追いかけるのに適した小さな体をしていますが、馬に乗ったハンターについていくだけの脚力を持っています。ショー・ドッグとしての人気は他のテリアにかないませんが、その代わりに、もともとの形と役目を現在にもそのまま残すことができたのです。この犬種の丈夫な被毛は、不利な天候条件から犬を守っています。また長い四肢と体力によって、どんな過酷な仕事にも耐えることができます。従順な性質のため、家庭のペットとしても適しています。

犬種の歴史

　この犬種の正確な起源は分かっていませんが、1700年代の後半に、イングランドとスコットランドの境界地方に現在とほぼ同じ形態で存在していた形跡があります。

基本的なデータ

原産国　グレート・ブリテン
起源　1700年代
初期の用途　ネズミ捕り、キツネを巣穴から追い出す仕事
現在の用途　コンパニオン、獲物の追跡
寿命　13～14年
体重　5～7kg
体高　25～28cm

小麦色
タンがかったレッド
グレー
ブルー／タン

テリア犬種　153

暗色の眼は、鋭い警戒の表情を見せています

小さくV字形の耳

短い口吻

ざらざらする、密に生えたオーバーコート

後脚はたくましい

ケアン・テリア

　この犬種はかつて、グレート・ブリテンに生息するあらゆるテリアの中で最も人気がありましたが、最近ではウエスト・ハイランド・ホワイト・テリアやヨークシャー・テリアにその地位を奪われてしまいました。今世紀初頭のブリーダーたちは、ケアン・テリアが生まれつき持っている、ぼさぼさの被毛、がっしりとした体、テリア特有の能力を保つことに気を配っていました。この犬種は、都会にも田舎にも適応でき、優れた番犬になります。訓練も他の多くのテリアほど難しくはありませんが、テリア特有の気質は持っています。特に雄では威張りちらすことがあり、初めて子供と接する時には監視していなければなりません。その小さく丈夫な体と扱いやすい性質のため、楽しいコンパニオンになります。

前脚は、ほど良い長さです

クリーム	小麦色	黒に近い色
グレー	レッド	

前足は、後足よりも大きくなっています

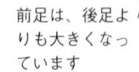

犬種の歴史

ケアン・テリアの原産地は、スコットランドのスカイ島であると思われます。少なくともメアリー・スチュアートの時代から、この地方で巣穴に隠れているキツネを探す仕事をしていました。

基本的なデータ

原産国　グレート・ブリテン
起源　中世
初期の用途　キツネ狩り、ネズミ捕り
現在の用途　コンパニオン
寿命　14年
体重　6〜7kg
体高　25〜30cm

小さく、先が尖った耳

口吻は力強いですが、厚くはありません

豊かなオーバーコートと柔らかいアンダーコート

ウエスト・ハイランド・ホワイト・テリア

　ウエスト・ハイランド・ホワイト・テリアとケアン・テリアは同じ祖先の血を引いていますが、選択改良によって、全く性質の異なる犬種になりました。ウエスティ（スコティッシュ・テリアも同様）はスコッチ・ウイスキーの宣伝に使用されているため、その姿は世界中に知られています。また、犬に関しては、白はおしゃれな色であり、幸運や清潔さを意味するため、ウェスティは北アメリカ、グレート・ブリテン、ヨーロッパ、日本で人気があります。この犬種は、アレルギー性の皮膚病にかかる率が非常に高く、また興奮しやすい気質を持っています。従って、行き届いた世話と、定期的な運動が必要です。

基本的なデータ

原産国　グレート・ブリテン
起源　1800年代
初期の用途　ネズミ捕り
現在の用途　コンパニオン
寿命　14年
体重　7～10kg
体高　25～28cm

硬いオーバーコート

テリア犬種　157

小さく直立した耳は、先端が尖っています

わずかに窪んだ両眼の間は、広く離れています

頭部は、びっしりと被毛に覆われています

犬種の歴史
　ケアン・テリアには、時々毛色の白い子犬が生まれることがありました。スコットランドのマルコム家がこれらの犬を選択改良して、スコットランドの荒れ地でよく見られるこの犬種をつくり出したのです。

スカイ・テリア

　スカイ・テリアは何世紀にもわたって人気の高い犬種で、かつてはスコットランドやイングランドの王室のお気に入りの犬でした。グレーフライアーの番犬として、スコットランドの人々に最も馴染みの深いボビーは、スカイ・テリアであったといわれています。1800年代の半ば、飼い主を亡くしたボビーは、いく度となく立派な家庭に飼われましたが、そこを逃げ出しては、自らの命が果てるまでの14年間、毎日もとの主人のお気に入りのカフェに通い続けたのでした。この犬の像が、スコットランドのエジンバラにあるグレーフライアー教会に立っています。スカイ・テリアは、怒るとすぐに噛みつく傾向があるため、子供には不向きな犬かもしれませんが、極めて主人思いの犬であるといえるでしょう。

犬種の歴史

　この並外れて大きく、被毛の長いテリアは、原産地であるスコットランドのヘブリディーズ諸島にちなんで命名されました。かつては、もっぱらカワウソ、アナグマ、イタチの追跡に用いられていました。現在ではコンパニオンとして人気が高く、都会にふさわしい犬になっています。

豊かなオーバーコートは、長くまっすぐです

基本的なデータ

原産国　グレート・ブリテン
起源　1600年代
初期の用途　小型獣の猟
現在の用途　コンパニオン
寿命　13年
体重　8.5〜10.5kg
体高　23〜25cm

テリア犬種　159

クリーム

フォーン

グレー

黒

眼は被毛に覆われています

鼻は黒く、大きく幅の広い鼻孔があります

スコティッシュ・テリア

　がっしりとたくましい体格をした、おとなしく内気ともいえるこの犬は、いつの時代にも、グレート・ブリテンより北アメリカで人気がありました。アメリカ大統領のフランクリン・デラノ・ルーズベルトは、よく愛犬のスコティッシュ・テリアのファラを連れて旅をしました。またウォルト・ディズニーは映画「わんわん物語」の中で、この犬種の紳士的なイメージを不朽のものにしました。体格は、地面の下の穴にもぐって小型の哺乳動物を追跡するのに適していますが、主にコンパニオンとして飼われています。内気でやや人になつきにくいところがあるこの犬は、優れた番犬になります。

基本的なデータ

原産国　グレート・ブリテン
起源　1800年代
初期の用途　小型哺乳動物の猟
現在の用途　コンパニオン
寿命　13～14年
別名　アバディーン・テリア
体重　8.5～10.5kg
体高　25～28cm

眉は長く、特徴的です

粗く厚いオーバーコートと、柔らかいアンダーコート

テリア犬種 161

犬種の歴史

今日のスコッティの祖先は、おそらくスコットランドのウェスタン・アイルズの土着犬です。これらの犬が、1800年代の半ばに、アバディーンで選択改良されました。

小麦色

レッド・ブリンドル

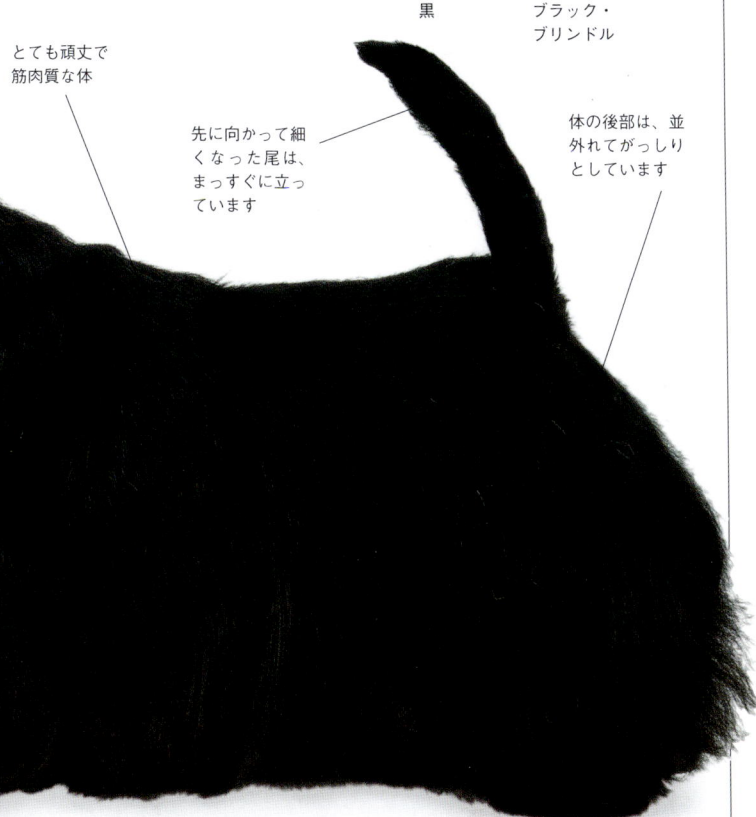

黒

ブラック・ブリンドル

とても頑丈で筋肉質な体

先に向かって細くなった尾は、まっすぐに立っています

体の後部は、並外れてがっしりとしています

ダンディ・ディンモント・テリア

　ダンディ・ディンモント・テリアの祖先としては、スカイ・テリアをはじめとして、ベドリントン・テリア、古い犬種のスコティシュ・テリア、オッターハウンド、フランドル・バセットなどが考えられていますが、はっきりとは分かっていません。しかし、明白な事実が一つだけあります。この犬種は、「だれにも干渉されず自由に生きる」という典型的なテリアの精神を持っていないのです。大きな声で吠え、挑発されれば、闘うことも厭いませんが、極めて従順な品種です。喧嘩好きなところもなければ、すぐに噛みつく癖もなく、大人とも子供とも慣れ親しむことができる穏やかな家庭犬です。また非常に忠実で、優れた番犬になります。この人なつっこい犬は、元気に走りまわることを好みますが、家の中や裏庭で遊ぶだけでも十分に満足します。残念なことに、この犬の長い背中と短い四肢は、痛みを伴う椎間板の病気の原因になります。

基本的なデータ

原産国　グレート・ブリテン
起源　1600年代
初期の用途　アナグマ、ネズミの猟
現在の用途　コンパニオン
寿命　13〜14年
体重　8〜11kg
体高　20〜28cm

ペッパー

からし色

尾の先端の針金状の被毛

テリア犬種　163

犬種の歴史

　ユニークな犬種名は、サー・ウォルター・スコットの小説「ガイ・マナリング」に登場する農場主にちなんだものです。この名前がつく以前から何世紀にもわたって貴族たちの間で飼われていたことが、絵画からわかります。祖先は、スコットランド南部に生息していたジプシーたちの犬だったと思われます。

首は力強く、筋肉が発達しています

ベドリントン・テリア

　ホイペット、オッターハウンド、ダンディ・ディンモント・テリアが、この特徴的な犬種の祖先であると伝えられています。ベドリントン・テリアの後脚と気質から、ホイペットの特徴を強く受け継いでいることがはっきりとわかります。この犬種は、羊のような外観をしていますが、その内側には「捜索討滅」の欲望を秘めています。このめずらしい犬は、その外観に似合わず、いかにもテリアらしい精神的な刺激を必要としているのです。従って、十分に運動できない場合には、凶暴性を発揮する可能性があります。

被毛には、オーバーコートとアンダーコートが均等に混じっています

たくましい後脚は、ホイペットに似ています

基本的なデータ

原産国　グレート・ブリテン
起源　1800年代
初期の用途　ネズミ、アナグマの猟
現在の用途　コンパニオン
寿命　14～15年
別名　ロスベリー・テリア
体重　8～10kg
体高　38～43cm

テリア犬種 165

レバー

薄茶色

ブルー

ぴったりと
閉じる唇

耳の先端には、白い
絹糸状の飾り毛が刈
り込まれずに残って
います

犬種の歴史

かつて、スコットランドのボーダー州近くのロスベリーの森に住んでいたジプシーたちは、ロスベリー・テリアとして知られる、仕事をするためのきびきびとしたテリアを飼っていました。1870年に、ノーサンバーランドのベドリントンで、初めてショーに出陳されたベドリントン・テリアの祖先は、これらの犬であると思われます。

シーリハム・テリア

　現在ではシーリハム・テリアは、もともとの目的には用いられていません。尊大で、独立心の強い魅力的なコンパニオン犬であると同時に、ショー・ドッグとしても異彩を放っています。この犬がもともとは穴の中のアナグマやカワウソの猟で活躍していたことは、他の犬に対してしばしば見せる攻撃的な態度からよく分かります。コンパニオン犬として犬種改良されてからほぼ1世紀経った現在でも、特に雄は、しっかりとした経験者による訓練が必要です。シーリハム・テリアは、1930年代には、特に北アメリカで極めて人気の高い犬でした。しかし今日では、英語圏以外の国々ではほとんど知られておらず、原産国でも滅多に見られなくなりました。

犬種の歴史

　さまざまなテリアをもとに、選択改良されてつくり出されました。その結果、アナグマやカワウソの猟に優れた才能を持ち、穴の中でも、地上でも、水中でも活躍できる犬がつくり出されました。

非常に力強い大腿部

長い針金状の被毛は、ショーのために専門家によるトリミングが必要です

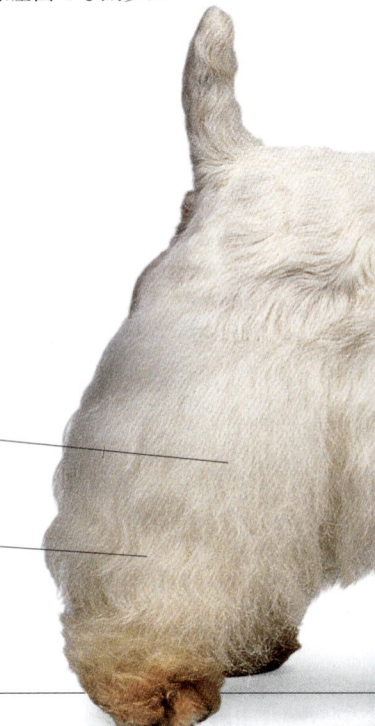

テリア犬種　167

基本的なデータ

原産国　グレート・ブリテン
起源　1870年代
初期の用途　アナグマ、カワウソ
　　　　　　の猟
現在の用途　コンパニオン
寿命　14年
体重　8～9kg
体高　25～30cm

暗色で丸く、中くらいの大きさの眼

ショーのために、被毛は前方に向かってブラシをかけ、眼を覆います

中くらいの大きさの耳は、先端が丸くなっています

顔面の長い被毛は、顔を長方形に見せています

丸くネコに似た趾には、厚いパッドがあります

スムース・フォックス・テリア

　イギリスでは、かつてそれぞれの州に、独特のフォックス・テリアが生息していました。おそらく絶滅した白い毛色のチェシア・テリアとシュロップシア・テリアの血が、ビーグルの血と共に、この犬種に入っていると考えられます。スムース・フォックス・テリアは、かつては典型的な使役犬でした。しかし今日では、しばしば頑固で強情な面を見せることはあっても、魅力的なコンパニオン犬として飼われることが多くなっています。この活動的な犬の訓練には、忍耐が必要です。獲物の所在を示したり、しとめた獲物を回収するための訓練を受けてきた犬もいれば、サーカスで才能を見せる犬もいます。この犬種は、よく動き、リードをつけないで運動することを好むため、田舎向きの犬であるといえます。

基本的なデータ

原産国　グレート・ブリテン
起源　1700年代
初期の用途　キツネの追い立て、
　　　　　　小型の害獣の捕殺
現在の用途　コンパニオン
寿命　13～14年
体重　7～8kg
体高　38.5～39.5cm

白

白／タン

黒／タン

趾は丸く、引き締まっています

テリア犬種　169

犬種の歴史

　かつては、キツネを巣穴まで追いかけていく犬を総称してフォックス・テリアと呼んでいましたが、1850年以降、きちんとした管理のもとで犬種改良が行われるようになり、今日の犬種がつくられました。

伝統的なスタイルに断尾される尾

豊かな被毛はまっすぐです

頑丈でまっすぐで、傾斜が付いた前脚

ワイアー・フォックス・テリア

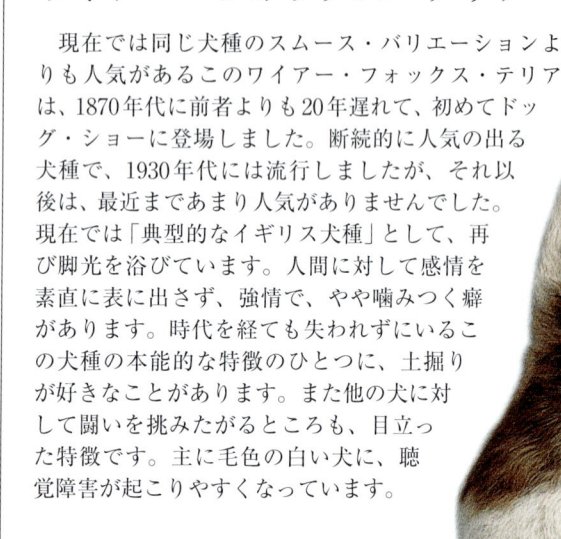

　現在では同じ犬種のスムース・バリエーションよりも人気があるこのワイアー・フォックス・テリアは、1870年代に前者よりも20年遅れて、初めてドッグ・ショーに登場しました。断続的に人気の出る犬種で、1930年代には流行しましたが、それ以後は、最近まであまり人気がありませんでした。現在では「典型的なイギリス犬種」として、再び脚光を浴びています。人間に対して感情を素直に表に出さず、強情で、やや噛みつく癖があります。時代を経ても失われずにいるこの犬種の本能的な特徴のひとつに、土掘りが好きなことがあります。また他の犬に対して闘いを挑みたがるところも、目立った特徴です。主に毛色の白い犬に、聴覚障害が起こりやすくなっています。

密生した針金状の硬い被毛

白

白／黒

白／タン

体重は均等にかかっています

テリア犬種 171

犬種の歴史

　祖先は、グレート・ブリテンの採炭地方に生息し、現在では絶滅してしまったワイアーヘアード・テリアであると考えられます。ワイアー・フォックス・テリアは、理想的なテリア種の典型であるとされています。

折れた耳の上端の線は、頭蓋よりかなり上にあります

顔面には、頬髭が密生しています

肩は後方に傾斜しています

まっすぐな前脚はほっそりしています

基本的なデータ

原産国　グレート・ブリテン
起源　1800年代
初期の用途　キツネの追い立て、
　　　　　　小型哺乳類の捕殺、
　　　　　　ウサギ狩り
現在の用途　コンパニオン
寿命　13〜14年
体重　7〜8kg
体高　38.5〜39.5cm

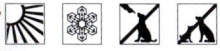

パーソン・ラッセル・テリア

　この犬は、グレート・ブリテンで最も人気の高いカントリー・テリアであるジャック・ラッセル・テリアと同じ血を持つ犬種ですが、それほど知られてはいません。オランダでは、最も人気の高い小型犬の一種であり、アメリカ合衆国でも高い評価を受けています。この犬種の生みの親は、猟で馬についていけるだけの長い四肢を持った犬をつくり出そうとしましたが、パーソン・ラッセル・テリアはまさにその通りの犬です。この犬種をつくり出した牧師は、ワイアーヘアーを好んでいましたが、今日では、スムースとワイアーの両方が認められており、どちらも同じように人気があります。活発で、がっしりとしたこの犬種は、優れたコンパニオンになりますが、定期的に運動をさせることが必要です。

使役犬だけに見られる断尾された尾

基本的なデータ

原産国　グレート・ブリテン
出現した時代　1800年代
初期の用途　狩猟、キツネを穴から追い出す
現在の用途　コンパニオン
平均寿命　13〜14年
体重　5〜8kg
体高　28〜38cm

引き締まった趾の指の間には、被毛が生えています

テリア犬種 173

白／褐色

白／黒

トライカラー

針金状の被毛には、ブロークンとスムースのふたつのバリエーションがあります。また豊かなアンダーコートが生えています

高い位置についている耳は、ほぼV字形をした垂れ耳です

口髭と顎髭が、成熟した表情をかもし出しています

胸部はそれほど幅が広くないため、キツネの巣穴に入ることができます

爪は白く、ほどよい厚さです

犬種の歴史

　グレート・ブリテンのケンネル・クラブの設立メンバーでもあった、イングランド西部のデボン州のスポーツ好きな牧師、ジョン・ラッセル師が、ワイアー・フォックス・テリアの祖先であるこの犬をつくり出しました。この犬種は、猟で馬についていけるだけの長い四肢と、穴にもぐってキツネを追い出せるだけの小さな体をしています。

ジャック・ラッセル・テリア

　攻撃的で元気が良いジャック・ラッセル・テリアは、極めて活動的な筋肉のかたまりであるといえます。都会でも田舎でも人気の高いこの犬は噛みつく癖があり、動くもの（人間も含めて）に対して攻撃的なところがありますが、愛情深く、大抵は家族にも見知らぬ人にも非常によく慣れ親しみます。最も遠くまで旅をしたサー・ラヌルフ・ファインズのコンパニオンであったボシーという名の犬は、1980年代の初頭には、主人について北極や南極に旅行をしました。南極大陸からすべての犬が姿を消し、現在ではここを訪れることを禁止されているため、地球の両端でフットボールをしたというボシーの記録は、おそらく破られることはないでしょう。

やや先端が尖った長い口吻、漆黒の鼻、黒い唇

幅が割と狭い胸

基本的なデータ

原産国	グレート・ブリテン
起源	1800年代
初期の用途	ネズミ捕り
現在の用途	コンパニオン、ネズミ捕り
寿命	13～14年
体重	4～7kg
体高	25～26cm

テリア犬種　175

犬種の歴史

この犬種は、パーソン・ラッセル・テリアとほとんど同じですが、これよりも四肢が短く、その外観は多種多様です。グレート・ブリテンでは、非常に人気があります。もともとネズミの捕殺のためにつくり出されたこの犬種は、現在でもその捕殺犬としての本能を失ってはいません。

白／褐色　　白／黒

トライカラー

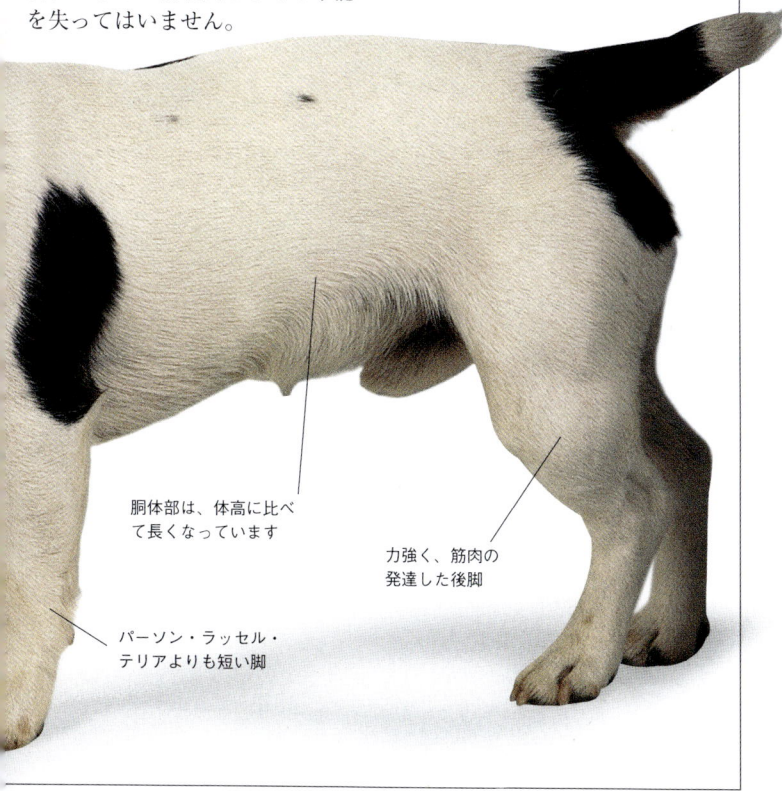

胴体部は、体高に比べて長くなっています

力強く、筋肉の発達した後脚

パーソン・ラッセル・テリアよりも短い脚

マンチェスター・テリア

　この光沢のある、活動的な犬種は、今からおよそ100年前には人気の絶頂にあり、「イギリス紳士のテリア」として知られていました。北アメリカやドイツに輸出され、ドーベルマンの黒と褐色の毛色は、この犬種の血が入っているためであると、間違って信じられていました。ネズミの捕殺競技がすたれると、この犬種の数も減り始めました（かつては、ビリーという名のマンチェスター・テリアが、木製の箱に入れられた100匹のネズミを7分もかからないうちに捕殺したという記録を持っていました）。断耳が禁止されると、この犬種の人気はさらに下降しました。そこで、犬種改良家たちは、長い時間をかけて、Ｖ字形の垂れ耳をつくり出したのです。この犬種は短気なところがありますが、活発で、丈夫なコンパニオンになります。

基本的なデータ

原産国　グレート・ブリテン
起源　1500年代
初期の用途　ネズミの捕殺、ウサギ狩り
現在の用途　コンパニオン
寿命　13～14年
別名　ブラック・アンド・タン・テリア
体重　5～10kg
体高　38～41cm

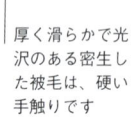

厚く滑らかで光沢のある密生した被毛は、硬い手触りです

テリア犬種 177

小さなV字形の耳は折れています

きらきら輝く、小さな暗色の眼

短い胴体部の、よく張った肋骨とわずかに湾曲した背

くさび形の口吻には、頬の筋肉は見えません

均整のとれたまっすぐな長い前脚と、小さな趾

犬種の歴史

　グレート・ブリテンには、何百年にもわたって、小型の害獣を捕殺する黒地に褐色のぶちがあるテリアが存在していました。マンチェスターの繁殖者であったジョン・ヒュームが、1800年代にこれらのテリアとホイペットとを交配して、この小さく、機敏で力強いネズミやウサギの捕殺者をつくり出したとされています。一時は人気の高い犬種でしたが、現在ではあまり見られなくなりました。

イングリッシュ・トイ・テリア

　原産国においても比較的めずらしいテリア種であるイングリッシュ・トイ・テリアは、小型のマンチェスター・テリアをもとにつくられました。体の大きさを安定させるために、イタリアン・グレイハウンドの血が加えられたと考えられます。背中がわずかにアーチ状、あるいは「弧状」をしているのはこのためです。しかし、その性質はテリア以外の何ものでもありません。犬種改良にはさまざまな段階がありました。その小さな体を強調した時期、アーチ状の背中を強調した時期、「ろうそくの炎」のような耳を強調した時期がありました。現在では、犬種改良は安定してきたように思われますが、このはつらつとした小型のテリアが、類似のミニチュア・ピンシャーと同じように、国際的なレベルで公認されたり、人気を得ることはおそらくないでしょう。しかし、この犬種は楽しいコンパニオン犬であり、都会には最適です。

尾はつけ根の部分が太く、先に向かって細くなっています

よく発達した腰部

足はきゃしゃで、小づくりです

テリア犬種 179

犬種の歴史

マンチェスター・テリアの小型種で、登場した時にはセンセーションを巻き起こしましたが、その後は健康上の問題に苦しんできました。1950年代以後の繁殖者たちは、体質と外観の両面を改良することに力を注いできました。

印象的な「ろうそくの炎」のような耳は、わずかに先が尖っています

くさび形をした頭部は長く、幅が狭くなっており、頭蓋は偏平です

幅の狭い、厚い胸部から、まっすぐな細い前脚が伸びています

密生した、短い、光沢のある被毛からなる、厚く滑らかな被毛

基本的なデータ

原産国　グレート・ブリテン
起源　1800年代
初期の用途　ネズミ捕り、ウサギ猟
現在の用途　コンパニオン
寿命　12～13年
別名　ブラック・アンド・タン・
　　　トイ・テリア
　　　トイ・マンチェスター・テリア
体重　3～4kg
体高　25～30cm

ブル・テリア

　ブル・テリアは、ブルドッグの力強さとテリアの粘り強さを併せ持つ、究極の闘犬用の犬です。ジェームズ・ヒンクスのお気に入りは、毛色の白いブル・テリアでしたが、現在でもこれらはおしゃれなコンパニオンになっています。図らずも、ヒンクスのつくり出した毛色の白い犬は、遺伝性の聴覚障害、慢性皮膚炎、心臓病を起こしやすくなっていました。有色のブル・テリアには、遺伝による若年型の腎臓障害が起こることがありますが、白いブル・テリアに比べて、これらの病気の発生率は圧倒的に低くなっています。この犬種は普通の犬と比べても、噛みつく傾向は少なく、人間に慣れ親しむことができます。しかし、いったん噛みつくと、簡単には離さないため、相当な傷を負わせることになります。

基本的なデータ

原産国　グレート・ブリテン
出現した時代　1800年代
初期の用途　闘犬、コンパニオン
現在の用途　コンパニオン
平均寿命　11～13年
別名　イングリッシュ・ブル・テリア
体重　24～28kg
体高　53～56cm

頭部は、頭蓋の先端から鼻の先端にかけて、下方に湾曲しています

胸はとても広く、肋まで広がっています

丸く、引き締まった趾には、すっきりとした指があります

テリア犬種　181

白

フォーン

レッド

トライカラー

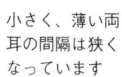

ブラック・ブリンドル

小さく、薄い両耳の間隔は狭くなっています

犬種の歴史

　ブル・テリアは、グレート・ブリテンのバーミンガムのジェームズ・ヒンクスによってつくり出されました。ブルドッグと現在では絶滅したホワイト・イングリッシュ・テリアとの交配によって、闘犬場でもドッグ・ショーでも、観客の目を奪う犬がつくられたのです。白はヒンクスの好きな色でした。

短い尾は、水平に保持しています

肩甲骨は平らで、幅が広くなっています

よく筋肉のついた大腿

スタッフォードシャー・ブル・テリア

　この犬種は、まさに「ジキル博士とハイド氏」のような典型的な二重人格の犬です。がっしりした筋肉と骨のかたまりのようなこの活動的な犬ほど、家族に対してだけでなく、見知らぬ人や獣医に対しても愛情を示す犬種はおそらくいないでしょう。この犬は深い愛情を特徴としており、一生懸命に人間の家族の一員になろうとします。しかし、ひとたび他の犬や動物を目にすると、突然それまでとは正反対の性格を表わすことがあるのです。相手を殺したいという欲望を抑えきれなくなると、それまで上機嫌であったのが、一転して凶暴性を発揮します。選択改良によってこの傾向は抑えられましたが、完全に取り除かれたわけではありません。この犬種は国際的に人気が高く、特にこの犬の活発な雰囲気を好む男性の間で人気があります。世界中で、その数はますます増え続けることでしょう。

犬種の歴史

　グレート・ブリテンのスタッフォードシャー原産のこの犬は、筋肉質な体格をした、極めて愛情深い犬種です。どう猛な、極めて筋肉の発達した牛攻め用の犬と、身が軽く、柔軟で、攻撃的な土着のテリアとの交配によってつくられた犬をもとにつくり出されました。この犬はふたつの目的を兼ねたスポーティング・ドッグとして改良され、ネズミ捕り競技と闘犬に用いられてきましたが、1835年には多くの国で闘犬が禁止されました。1935年に、この犬種は初めてドッグ・ショーに出陳されました。

非常に筋肉質な後脚は、完全に平行です

短く滑らかな、体にぴったりとついた被毛には、黒&タンあるいはレバー以外のほとんどのあらゆる毛色があります

テリア犬種　183

短く厚みのある頭部には、非常に幅の広い頭蓋があります

小さく、間隔が広く離れた半直立耳は、頬から離れて垂れ下がっています

丸く、中くらいの大きさの眼は、前方をまっすぐ見ることができるようについており、両眼の視野は広くなっています

頬の筋肉は力強く、はっきりと分かります

基本的なデータ

原産国　グレート・ブリテン
起源　1800年代
初期の用途　闘犬、ネズミ捕り
現在の用途　コンパニオン
寿命　11〜12年
体重　11〜17kg
体高　36〜41cm

前脚の間は広く離れています

中くらいの大きさの力強く、分厚い趾

さまざまな毛色

アメリカン・スタッフォードシャー・テリア

アメリカン・スタッフォードシャー・テリアは、同系のイギリス種と同じく、非常におとなしく、子供にも大人にも慣れ親しむことができますが、他の犬に対しては、これを死に至らしめる可能性もあります。この犬種全般にいえることですが、特に雄では、攻撃本能のままに行動しないように、早期に他の動物とのつき合いを教える必要があります。この犬種は、断耳していない犬が多数を占め、大抵は忠実でよく服従する家庭犬になります。しかし、牛攻めや闘犬用につくり出された犬の血を引いているので、現在でも致命的な傷を負わせるだけの顎の力と粘り強さを持っています。

犬種の歴史

アメリカン・スタッフォードシャー・テリアは、もともとはイギリスのスタッフォードシャー・ブル・テリアと同じ犬種でしたが、選択改良によって、体高、体重共にこれを上回る、より体格の大きな犬種がつくり出され、1936年に別の犬種として公認されました。

さまざまな毛色

短い、極めて筋肉の発達した首から、力強い前脚が伸びています

テリア犬種 185

基本的なデータ

原産国　アメリカ合衆国
起源　1800年代
初期の用途　牛攻め、闘犬
現在の用途　コンパニオン
寿命　12年
体重　18〜23kg
体高　43〜48cm

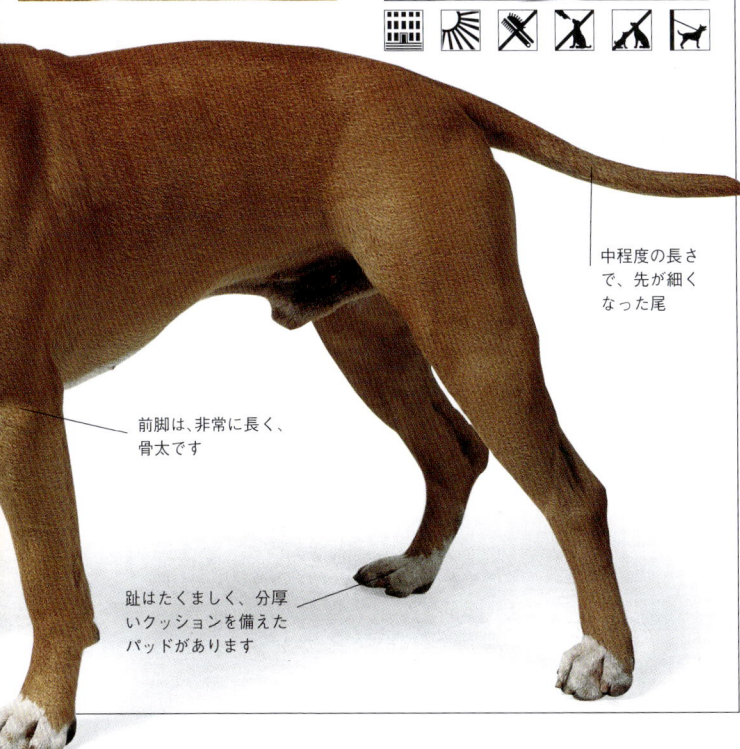

中程度の長さで、先が細くなった尾

前脚は、非常に長く、骨太です

趾はたくましく、分厚いクッションを備えたパッドがあります

ボストン・テリア

　行儀がよく、思慮深く、思いやりのあるこの犬種は、真のニューイングランダーであるといえるでしょう。北アメリカでは常に高い人気を保っており、はつらつとした、楽しく、活発で、丈夫なコンパニオンとして飼われています。名前だけのテリアであるこの犬は、相手を傷つけることを好まず、人間との交わりを好みます。しかし、雄は自分の縄張りが侵されたと感じた場合、他の犬に対して向かっていきます。他の頭でっかちな犬種と同様に、出産の際には帝王切開が必要になることがあります。犬種改良家たちの努力によって頭部が小型化されましたが、この犬独特の時折り見せる良い表情は、失われずに残っています。

基本的なデータ

原産国　アメリカ合衆国
起源　1800年代
初期の用途　ネズミ捕り、コンパニオン
現在の用途　コンパニオン
寿命　13年
別名　ボストン・ブル
体重　4.5〜11.5kg
体高　38〜43cm

大腿部はたくましく、筋肉が発達しています

テリア犬種　187

犬種の歴史

イングリッシュ・ブルドッグ、ブル・テリア、ボクサー、絶滅したホワイト・テリアからつくり出され、もともとは体重が20kg以上ある犬でしたが、犬種改良によって小型になりました。

薄く、直立した耳

大きく丸い眼は、油断なく警戒しながらも、穏やかな表情を見せています。両眼の間は広く離れています

鼻は幅が広く、色は黒です

わずかにアーチ形をした、適度に長い首は、優雅に頭部を支えています

胸はほどよい厚さです

滑らかで、鮮やかな色合いの細い被毛

レッド・ブリンドル

ブラック・ブリンドル

アメリカン・トイ・テリア

　このがっしりとした小型のテリアは、その小さな体に似合わず、祖先であるフォックス・テリアが持つあらゆる熱情を持ち併せています。この犬種は丈夫で快活ですが、頑固なところもあります。また、農場にも、マンションの最上階にも適応することができます。機会を与えられれば、優れたネズミ捕りにもなりますが、多くの場合、楽しい家族の一員として飼われています。この犬のエネルギッシュで、若々しさを失わないおどけたしぐさを目の当たりにすれば、大抵の人は相好を崩します。またこの犬は、耳の不自由な人々のための優れた聴導犬になることも分かっています。訓練によって、パートナーを電話などの音がしている場所まで連れて行くことができるようになるのです。

基本的なデータ

原産国　アメリカ合衆国
起源　1930年代
初期の用途　ネズミ捕り
現在の用途　コンパニオン
寿命　13〜14年
別名　トイ・フォックス・テリア
　　　アメルトイ
体重　2〜3kg
体高　24.5〜25.5cm

白／タン

トライカラー

黒／白

まっすぐで細い前脚

犬種の歴史

1936年に公認されたこの犬種は、スムース・フォックス・テリアの一腹中の「一番小さな犬」と、イングリッシュ・トイ・テリアとチワワとをかけ合わせてつくり出されました。

耳は大きくV字形で、直立しています

小さな幅の狭い口吻。頭蓋はドーム形をしていますが、チワワほどではありません

尾はおしゃれのために断尾します

短くまっすぐな被毛による毛並みは滑らかです

華奢でコンパクトな足

ミニチュア・ピンシャー

　ミニチュア・ピンシャーは、イングリッシュ・トイ・テリアに非常によく似た外観をしていますが、これとは全く異なる系統です。しかし、この2種は、げっ歯動物の駆除という同じ目的のためにつくり出されました。外観は小型のドーベルマンといった感じですが、この犬種とは原産国が同じというだけで、全く異なる犬種であり、ミニチュア・ピンシャーの方がおそらく200年早くつくり出されました。今日では、この攻撃的な小型のテリア（ピンシャーはドイツ語で、テリアあるいは噛む動物を意味します）は、コンパニオンとしてのみ飼われていますが、そのネズミ捕りの能力はいささかも衰えてはいません。小さな体に似合わず、自分よりはるかに大きな犬に果敢に向かっていきます。また、噛みついてから相手を探る傾向があります。

基本的なデータ

原産国　ドイツ
起源　1700年代
初期の用途　ネズミ捕り
現在の用途　コンパニオン
寿命　13～14年
別名　ツウェルクピンシャー
体重　4～5kg
体高　25～30cm

尾は、先が丸く断尾されていますが、多くの国では、これを禁じています

自然に立っている時には、両方の後脚の間隔は十分に離れています

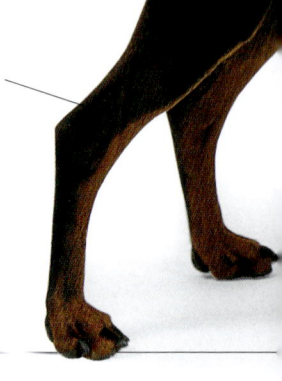

テリア犬種 191

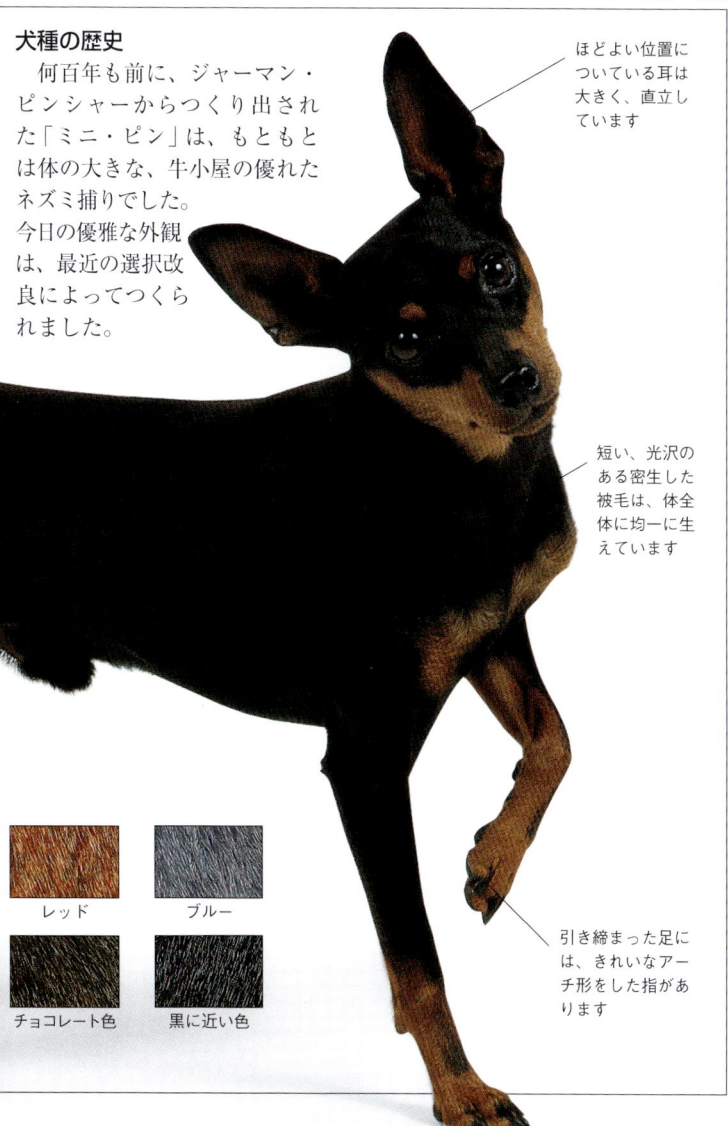

犬種の歴史

　何百年も前に、ジャーマン・ピンシャーからつくり出された「ミニ・ピン」は、もともとは体の大きな、牛小屋の優れたネズミ捕りでした。今日の優雅な外観は、最近の選択改良によってつくられました。

ほどよい位置についている耳は大きく、直立しています

短い、光沢のある密生した被毛は、体全体に均一に生えています

引き締まった足には、きれいなアーチ形をした指があります

レッド

ブルー

チョコレート色

黒に近い色

ジャーマン・ピンシャー

　すっきりとした優美な外観の中型のジャーマン・ピンシャーは、理想的なコンパニオンになるはずですが、どういう訳か現在ではあまり見られない犬種です。この犬種は活発さと従順さを併せ持った、非常に用途の広い犬です。よく吠える優れた番犬であり、訓練にもよく適応します。他のピンシャーやテリアと同じように、他の犬とのケンカでは恐がって後ずさりするようなことはありません。従って、この犬のケンカ好きな傾向を抑えるために、しっかりとした調教が必要です。

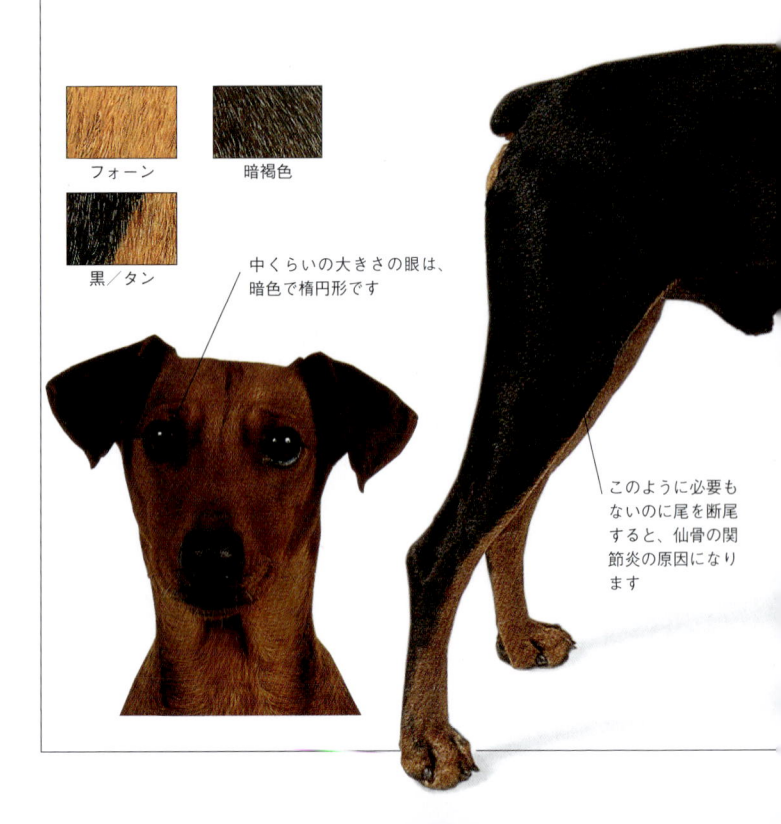

フォーン

暗褐色

黒／タン

中くらいの大きさの眼は、暗色で楕円形です

このように必要もないのに尾を断尾すると、仙骨の関節炎の原因になります

テリア犬種 193

犬種の歴史

この体高のあるテリアは、古くから農場でさまざまな仕事をする犬としてつくり出されました。小型の害獣を駆除したり、家畜を守ったり、追ったりすると同時に、番犬でもありました。ミニチュア・ピンシャーの祖先であり、ドーベルマンにもこの犬種の血が入っています。

断耳された耳は、高い位置についています。よく動く表情豊かな耳は、生まれつき真ん中から折れています

長い口吻の先端には、中くらいの大きさの黒い鼻がちょこんとついています

短い被毛は、丈夫で滑らかで、光沢があります

胴体はがっしりとして筋肉質で、シュナウザーに似ています

基本的なデータ

原産国　ドイツ
起源　1700年代
初期の用途　小型の害獣の猟
現在の用途　コンパニオン
寿命　12〜14年
別名　スタンダード・ピンシャー
体重　11〜16kg
体高　41〜48cm

アッフェンピンシャー

　この活発な犬種のひたむきさ、情熱、滑稽な仕草を目の当たりにすれば、どんなに他のことに心を奪われている人でも相好を崩すことでしょう。アッフェンピンシャーは漫画のような外観をしていますが、実際にはそのひしゃげた顎にも関わらず、現在でも機会を与えられれば、優れたネズミ捕りになります。また、ウズラやウサギの追跡にも能力を発揮します。頑固で気どったところがあるので、訓練にはうまく適応しませんし、噛みつく癖があります。しかし、活発で楽しいコンパニオンになります。今日では、この犬種はドイツでは滅多に見られず、北アメリカで多く生き残っています。アッフェンピンシャーの多くは、20世紀初頭に姿を消しました。

無造作になりやすい被毛

基本的なデータ

原産国　ドイツ
起源　1600年代
初期の用途　小型の害獣の猟
現在の用途　コンパニオン
寿命　14〜15年
別名　モンキー・ドッグ
体重　3〜3.5kg
体高　25〜30cm

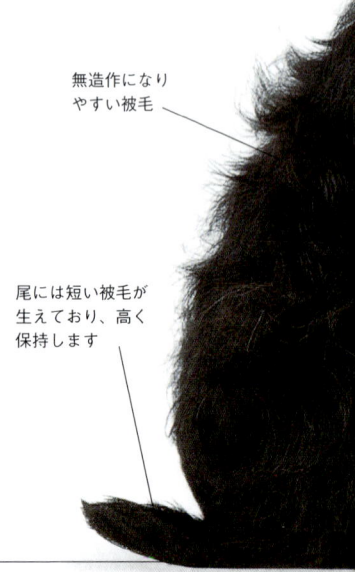

尾には短い被毛が生えており、高く保持します

テリア犬種 195

暗色の飛び出した眼には、太い眉があります

顔面は、粗い被毛に覆われています

豊かな口髭と顎髭

幅の広い胸は、密生した乾いた被毛に覆われています。光沢はありません

犬種の歴史

　この古い犬種の正確な歴史は分かっていません。その解剖学的構造から、土着の小型のピンシャーとアジアのパグに似た犬との交配によってつくり出されたと考えられます。この犬種は、おそらくベルギー・グリフォンの祖先であり、ミニチュア・シュナウザーとは同系であると思われます。

ミニチュア・シュナウザー

　最も目立つ犬の肉体的特徴（ドイツ語で「シュナウザー」は鼻あるいは口吻を意味します）にちなんで名づけられたミニチュア・シュナウザーは、かつてはすご腕のネズミ捕りでしたが、現在では、ほぼ完璧なコンパニオンになっています。同種のイギリスのテリアに比べて、騒がしく吠えることもなく、攻撃的なところもないので、北アメリカでは都会のコンパニオンとして人気があります。この犬種は極めて穏やかな犬であり、訓練も容易で、噛みつく癖もありません。子供や他の犬とも慣れ親しむことができ、人間の家族との日常生活を楽しみます。また、よく吠える犬は優れた警備犬になります。被毛はほとんど抜けませんが、絶えず気を配ってやらなければなりません。残念なことに、この犬種の人気が高まるにつれて、見境のない交配が進み、現在では遺伝性の病気が問題になっています。また、性質もやや神経質になってきました。

基本的なデータ

原産国　ドイツ
起源　1400年代
初期の用途　ネズミ捕り
現在の用途　コンパニオン
寿命　14年
別名　ツウェルクシュナウツァー
体重　6〜7kg
体高　30〜36cm

後脚の角度は、一気に力強い加速を生み出すのに適しています

テリア犬種　197

犬種の歴史

　ミニチュア・シュナウザーは、ジャイアント・シュナウザーやスタンダード・シュナウザーのほぼ完全なレプリカですが、これらをもとに、アッフェンピンシャーとミニチュア・ピンシャーの血を加えてつくり出されました。プードルの血が入っているといわれることもありますが、それはあり得ないでしょう。

眼は、生まれつき剛毛質のもじゃもじゃの眉に覆われています

小さな耳は高い位置についており、ほぼ完全に垂れています

非常に硬く粗いオーバーコートと、柔らかいアンダーコート

きれいに刈り込まれた柔毛の下にある趾は、ネコの趾に非常によく似ています

黒／シルバー

ペッパー／ソルト

黒

ダックスフンド

　ダックスフンドという国際名はアナグマ犬という意味で、これらの犬のもともとの用途を表わしています。これらの犬は、100年前から「穴にもぐる犬」として改良されてきました。スタンダード犬はアナグマやキツネを追って穴にもぐりますが、ミニチュア犬はウサギを追います。ショー・ドッグはぶ厚い胸と短い四肢を持っていますが、仕事をする犬は、ショー・ドッグに比べて、胸もそれほど厚くはなく、四肢も長くなっています。これらの快活な犬が現在でも使役犬として用いられているドイツでは、この犬種を胸囲によって類別しています。カニーンヘンテケル（ウサギ猟に用いられるダックスフンド）は胸囲が30cm以下、ツウェルクテケル（ミニチュア）は31～35cm、ノルマルシュラーク（スタンダード）は35cm以上となっています。あらゆるダックスフンドはハウンドの血を引いていますが、ドイツでは穴にもぐる犬として最も優れた犬種であるので、その用途から、もうひとつの穴にもぐる犬であるテリア犬種として分類されています。今日では、ほとんどのダックスフンドは家庭のコンパニオンとして飼われています。おそらく、あらゆる犬種の中で、最もよく知られている犬種ではないでしょうか。

犬種の歴史

　古代エジプトの彫刻は、3頭の四肢の短い犬と一緒に座っているファラオを表わしています。ダックスフンドの祖先は、これらの小型の犬であると思われます。スムースヘアード・スタンダード・ダックスフンドは、おそらく最も古いダックスフンドであり、かつて獲物の追跡に使用されていました。

足は、指のすぐ上ではなく、パッドの上にあります

199

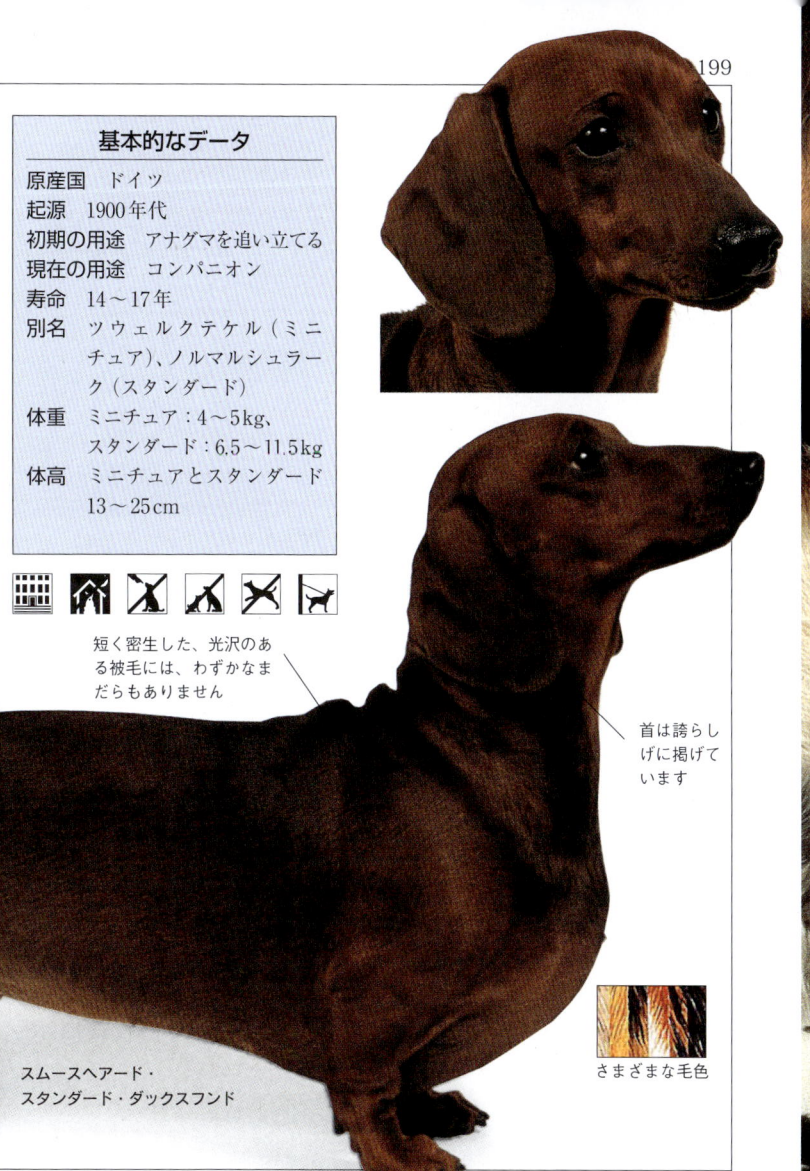

基本的なデータ

原産国　ドイツ
起源　1900年代
初期の用途　アナグマを追い立てる
現在の用途　コンパニオン
寿命　14〜17年
別名　ツウェルクテケル（ミニチュア）、ノルマルシュラーク（スタンダード）
体重　ミニチュア：4〜5kg、スタンダード：6.5〜11.5kg
体高　ミニチュアとスタンダード 13〜25cm

短く密生した、光沢のある被毛には、わずかなまだらもありません

首は誇らしげに掲げています

さまざまな毛色

スムースヘアード・
スタンダード・ダックスフンド

犬種の歴史

ワイアーヘアード・ミニチュア・ダックスフンドは、スムースヘアード・ダックスフンドとラフヘアードのピンシャーとをかけ合わせてつくり出されました。この交配によってつくられた、被毛が粗く、頭部の小さい犬を、さらに四肢の短いダンディ・ディンモント・テリアと掛け合わせることによって、大きく長い頭部をもつ犬がつくり出されたのです。同時に、ダックスフンドが生まれつき持っている流血への欲望を、ある程度抑制しました。

針金状の被毛からなる豊かで特徴的な眉とあごひげ

ワイアーヘアード・ミニチュア・ダックスフンド

鼻は、スムースヘアード・ダックスフンドほど先が細くはなっていません

オーバーコートは厚く針金状ですが、体にぴったりとついています。

趾は指にぴったりとセットされています

犬種の歴史

ロングヘアード・スタンダード・ダックスフンドは、おそらくスムースヘアード・スタンダード・ダックスフンドと、サセックス・スパニエルまたはフィールド・スパニエルに似た四肢の短いスパニエルとをかけ合わせ、さらにこれをミニチュア化してつくり出されました。確かにスパニエルに似た、人なつっこく、社交性に富んだ性質を持っています。

ロングヘアード・
スタンダード・ダックスフンド

幅の狭い頭部は、独特の先細の外観をしており、小さな鼻に向かって、徐々に先が細くなっています

長く滑らかな絹糸状の被毛は、背中で最も短く、胴体の下側ではかなり長くなっています

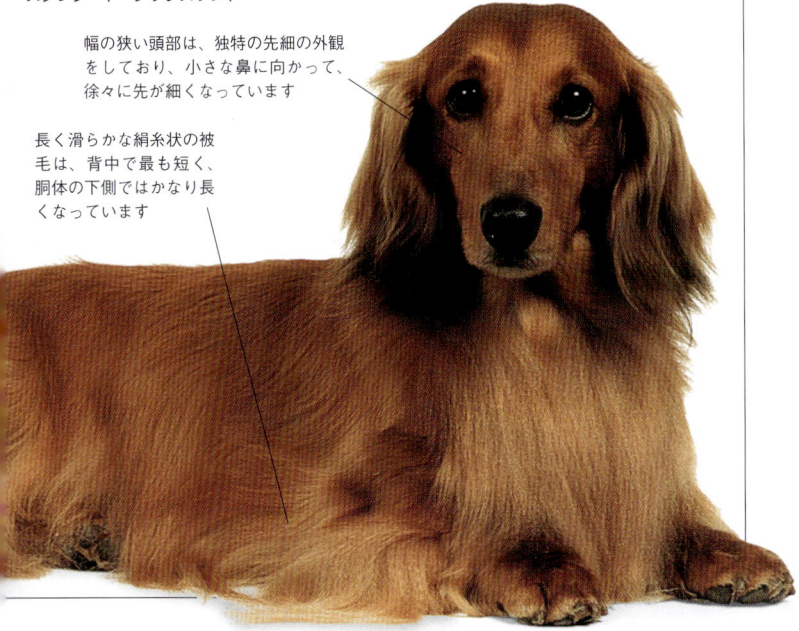

チェスキー・テリア

　チェスキー・テリアは、その独特の風貌のため、原産国のチェコスロバキアではコンパニオン犬として人気がありました。しかし1980年代になって、この犬種のもともとの形態と機能が低下したと感じたチェコスロバキアの繁殖者たちは、再びシーリハム・テリアと交配させました。チェスキー・テリアは、穴にもぐるテリアの代表的な特徴をすべて持ち合わせています。攻撃的で、根気強く、強情で、恐れを知らない犬で、自分よりも大きな動物をも征服する力強さを持っています。この犬種の被毛には、絶えず気を配ってやることが必要です。多くのテリア種と同様に、すぐに噛みつく傾向がありますが、それはさておき、この犬種は、好奇心の強い、人なつっこい犬です。

ブルーグレー

フォーン

がっしりとした尾は、休んでいる時には、低く下げています

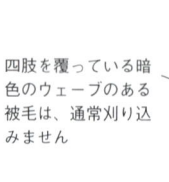

四肢を覆っている暗色のウェーブのある被毛は、通常刈り込みません

テリア犬種 203

基本的なデータ

原産国　チェコ共和国
起源　1940年代
初期の用途　穴にもぐる
現在の用途　コンパニオン、狩猟
寿命　12〜14年
別名　チェク・テリア
　　　ボヘミアン・テリア
体重　5.5〜8kg
体高　28〜36cm

犬種の歴史

　地中での仕事により適した四肢の短い犬種をつくり出すために、クラノビツェの遺伝学者であったフランティセク・ホラク博士が、シーリハム・テリアとスコティッシュ・テリアとを交配させました。おそらく、ダンディ・ディンモント・テリアの血も入っていると考えられます。

頭部の被毛は、刈り込まず、長い顎髭と眉を残します

グリフォン・ブリュッセル

　グリフォン・ブリュッセルは、ヨーロッパがひとつになることの素晴らしさを世の中に知らせました。この犬は典型的な「ユーロ・ドッグ」なのです。さまざまな地域の犬の血を入れることによって、気立てが良く、楽しく、機敏で、頼りになるコンパニオンがつくり出されました。この犬の名前は複雑で、3種のよく似た犬をベルギー・グリフォンとしてひとまとめにしている国もあれば、それぞれ別個の犬種として公認している国もあるのです（この分類の方法はベルギー特有のもので、ベルギー・シェパードの4犬種の分類に関しても、同じことがいえます）。ふたつの世界大戦の間、この犬種の人気が絶頂期に達した頃には、ブリュッセルだけでも、実際に何千という数の繁殖用の雌犬がいました。ベルギーでは、現在でも最も人気の高い犬種です。

基本的なデータ

原産国　ベルギー
起源　1800年代
初期の用途　小型の害獣の猟
現在の用途　コンパニオン
寿命　12〜14年
別名　グリフォン・ベルジュ
体重　2.5〜5.5kg
体高　18〜20cm

テリア犬種 205

黒／タン

黒

両眼の間の小さく黒い鼻は、かなり引っ込んでついています

豊かな赤い顎髭が、利口そうな表情に見せています

前脚は極めて筋肉が発達しており、骨太です

犬種の歴史

　今日のブリュッセル・グリフォンは、おそらくダッチ・スモースホンド、ジャーマン・アッフェンピンシャー、フレンチ・バーベット、ヨークシャー・テリアをもとにつくり出されました。

ガンドッグ

　過去数千年の間、視覚追跡犬（サイト・ハウンド）や嗅覚追跡犬（セント・ハウンド）は、食糧探しや娯楽のために猟をするハンターたちのお供をしてきました。被毛の密度、骨の長さ、獲物を嗅ぎわける能力、主人への忠実度などに自然な遺伝的変異は始終あったのですが、狩猟に銃器が採用されるようになると、ブリーダーたちは、そうした特徴により大きな関心を示すようになりました。その後、犬の犬種改良は飛躍的な前進を遂げ、敏感で従順な作業犬を生み出しました。そうした信頼できる犬種は今日、世界で最もポピュラーなコンパニオン・ドッグとなっています。

性能開発のための犬種改良

　視覚や嗅覚を利用して獲物を追跡する、地面に穴を掘って隠れる、見張り番をする、泳ぐ、といったことはいずれも、ほとんど訓練しなくてもできる、犬の自然な行動様式です。しかし、獲物を見つけ出したらその場にじっと動かずにいるとか、あるいは、命令に応じて冷たい水の中に飛び込み、ハンターが撃ち落とした鳥を口にくわえて持ってくる、といった高度な仕事をこなすためには、天性の能力の他に、訓練を受けようという意欲が必要になります。18～19世紀には、猟犬や牧羊犬を遺伝基盤として、従順性と学習意欲を持ったガンドッグ（鳥猟犬）が50種以上も、ブリーダーたちの手によって生み出されました。これらの猟犬は、普通、水猟犬、ポインター、セッター、捜索、回収運搬犬の5つのグループに大別されます。水中での作業を上手にこなすためには、水をはじく密毛で覆われていると同時に、水泳が好きでなければなりません。

ワイマラナー

ポインターとセッター

　16世紀、スパニッシュ・ポインティング・ハウンドが英仏その他の国々に輸出されたことは、想像に難くありません。この犬こそは、今日のポインターの起源です。スパニッシュ・ポインターはまた、イギリスのセッターの繁殖にも関係しました。ドイツでも同じように、ポインターとセッターの繁殖が行われました。ただし、1848年のドイツ三月革命の後、野外スポーツが衰退してからは、ドイツのポインター系やセッター系の犬種はほとんど見かけられなくなりました。1890年頃になって、ドイツのハンターたちの関心が再びそうした古い犬種に向かうようになりました。創造的な繁殖活動が一気に開花するなかで、それぞれ被毛の形状によって特徴づけられる3種類のポインターが生まれました。ワイマラナー、ミュンスターレンダー、そしてチェコスロバキアのドイツ語圏の地域で繁殖したチェスキー・フォーセクの3種です。

スパニエルとレトリーバー

　別のグループに属する鳥猟犬が熟練した

局地的に発達した犬

デンマークで独特のポインターがブリードされれば、オランダではダッチ・パートリッジ・ドッグなどの良質の小型レトリーバーが何種類か生まれました。ハンガリーは気品の高いヴィズラを生み、フランスのブリーダーもそうそうたるガンドッグをいく種か繁殖しました。最近では、いくつかの古いガンドッグ種が見直されるようになりました。イタリアン・スピノーネがブリーダーの関心を集めています。スペインやスロバキアでは、それぞれの原産のガンドッグを徐々に発展させています。

大型ミュンスターレンダー

イギリスのブリーダーたちによって生み出されました。捜索用スパニエルです。これは、密生した草むらの中でも活動し、ハンターが撃ち落とした鳥を見つけ出す役割を果たしました。かつては、すべてのイギリス産スパニエル種は、その得意とする活動環境に応じて、ランド・スパニエル、フィールド・スパニエル、ウォーター・スパニエルの3つのグループに分類されていました。犬種改良が進むにつれて分類の仕方もより厳密になり、「コッカー」と「スプリンガー」に分けられるようになりました。

同じ頃、イギリスのブリーダーたちは、ニューファンドランドの水犬に種を得て、レトリーバー犬を生み出しました。レトリーバーの繁殖には、物をそっと口にくわえて運搬する天性の能力や、人間の指図を学びそれに従おうとする強い意志を備えた犬が使われました。今日のラブラドール・レトリーバーやゴールデン・レトリーバーは、そうした性質を持っています。レトリーバーは、実用に耐える鳥猟犬として人気が高いというだけでなく、世界中で最も活躍している使役犬であり、また、盲導犬や介護犬として利用されています。

ジャーマン・ショートヘアード・ポインター

ハンガリアン・プーリー

　責任感が強く、従順で、水に強いプーリー（ハンガリー言語のマジャール語で「リーダー」の意味）がプードルの祖先だったことはまず間違いありません。20世紀に入っても、ハンガリアン・シープドッグは作業能力の高さを買われて大切にブリーディングされています。第二次世界大戦によって、ハンガリーのブリードはほぼ絶滅しましたが、その後もプーリーはコンパニオン・ドッグとして飼われてきました。一部のハンガリー人たちがプーリーを国外で、特に北アメリカで定着させました。環境に対する順応性の高いこの犬は、羊番を好むばかりでなく、簡単な訓練をすれば、水中に落ちた獲物を探して持ち帰るというレトリーバーの役割も果たします。

基本的なデータ

原産国　ハンガリー
起源　中世
初期の用途　ハーディング
現在の用途　コンパニオン、服従訓練、回収
寿命　12～13年
別名　ハンガリアン・ウォーター・ドッグ、プーリー
体重　10～15kg
体高　37～44cm

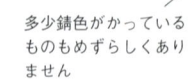

耳は見分けがつきません

多少錆色がかっているものもめずらしくありません

一部の縄状毛は、地面に触れるほどに伸びています

ガンドッグ 209

白
アプリコット
黒

犬種の歴史

　プーリーをハンガリーに持ち込んだのはマジャール族だったといわれています。今日のプーリーは、主として20世紀に行われたブリーディング・プログラムから生まれたものです。

知能鋭敏な、丸味のある頭は被毛に隠れています

縄状毛は1束ずつ手入れします

スタンダード・プードル

　この犬は、ただのファッション用のアクセサリー犬ではありません。責任感が強くて訓練もしやすく、相棒犬、警護犬、回収運搬犬として信頼できる犬種です。皮膚病の発病率は比較的少ない方ですし、抜け毛もないので、アレルギー体質の人に好適の犬種です。頼りがいはあるし、落ち着きもあり、スタンダード・プードルは心底からワーキング・ドッグなのです。フランス名の「カニシュ」とは「カモ犬」という意味で、本来の用途がカモ猟の際の回収運搬犬だったことに由来しています。スタンダード・プードルは、より小型なコンパニオン種のプードルと近縁種です。

尾に刈り残した被毛は水泳中でも水面に浮かびます

基本的なデータ

原産国　ドイツ
起源　中世
初期の用途　水禽の捜索、回収
現在の用途　コンパニオン、番犬
寿命　11〜13年
別名　カニシュ、バーボーン
体重　20.5〜32kg
体高　37.5〜38.5cm以上

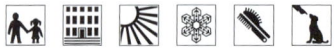

ガンドッグ 211

ソリッド各種

均整のとれた、気品のある頭部

やや垂れぎみで、警戒心の強さを感じさせる眼

口吻部は堅固でストレートに伸び、先細りにはなっていません

足趾に生えた被毛が水泳能力を高めています

犬種の歴史

　アルブレヒト・デューラーをはじめとする画家たちの作品から、プードルがもともとは水猟犬だったことが分かっています。今日のプードルのクリッピングは、水中での活動をしやすくするために施された歴史的にも有名なグルーミングが起源になっています。

ポーチュギース・ウォーター・ドッグ

　歴史の古いこの犬種は、漁夫が仕かけた網を引き上げる時に、漁船と漁船との間を泳ぎ渡って伝令役を務めた他、陸上では優秀な猟犬としてウサギ狩りに利用されてきました。頑健ですが飼い主に対する忠実度が高く、警戒心もやや強いのがこの犬の生来の性格です。毛様は前半身と後半身とではっきりと分かれます。後半身の被毛は水泳中に後肢が水の抵抗を受けないように刈り取られ、前半身の方は、冷水に飛び込んだ時に心臓にかかる衝撃を柔らげるために被毛を残してあります。

半球状の頭蓋は大きく、口吻部は長い

白　褐色　黒

黒／白　褐色／白

波状の長い被毛は頻繁に手入れをする必要があります

ガンドッグ 213

犬種の歴史

この犬の祖先は、5世紀に中央ヨーロッパから西ゴート族がポルトガルに連れてきたという説と、8世紀に北アメリカからムーア族が連れてきたという説があります。

基本的なデータ

原産国　ポルトガル
起源　中世
初期の用途　漁業中の作業
現在の用途　コンパニオン、警護、捜索、回収
寿命　12〜14年
別名　カオ・デ・アグア
体重　16〜25kg
体高　43〜57cm

尾先は水面に浮かぶように被毛の房玉を残しておきます

長くても短くてもよいシングルコート

作業やショーのスタンダードに合わせるために被毛を刈り込んであります

胸は深く、肋骨は長く適度に張っています

後脚は、飛節から下が長い

スパニッシュ・ウォーター・ドッグ

　スパニッシュ・ウォーター・ドッグは、プロのブリーダーの注目を浴びることはあまりなかったのですが、自然の成りゆきとして、被毛の色や体の大きさにはかなりのばらつきが出ています。もうひとつの特徴として、より選択的にブリードされてきた犬種と比べても、遺伝的欠陥が少ないことが挙げられます。このウォーター・ドッグは、当初、スペインの北海岸で発見されたのですが、大多数はスペイン南部に生息しており、今日では主に山羊の群れを守るのに利用されている他、カモ猟に駆り出されることもあります。訓練しにくい犬種ではないですが、子供に対して気性が荒くなることがあります。

頭頂部から伸びた被毛が眼を覆っています

ガンドッグ 215

白

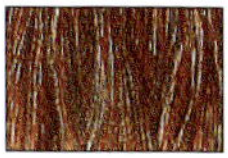

チェストナット

白／チェストナット

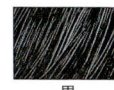

黒

基本的なデータ

原産国　スペイン
起源　中世
初期の用途　漁業中の作業、山羊のハーディング、ハンティング
現在の用途　コンパニオン、ハンティング
寿命　10～14年
別名　ペロ・デ・アグア
体重　12～20kg
体高　38～50cm

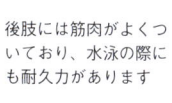

被毛は脱毛しないので、太い縄状毛になります

被毛は日光に当たると白く褪せます

後肢には筋肉がよくついており、水泳の際にも耐久力があります

犬種の歴史

　ポーチュギース・ウォーター・ドッグやおそらくはプードルとも血の繋がりがありますが、今のところスペイン以外ではほとんど知られていません。古くから牧羊、狩猟、漁猟などを手助けする多目的作業犬として利用されてきました。

指には水掻きがついています

アイリッシュ・ウォーター・スパニエル

　アイリッシュ・ウォーター・スパニエルは、すべてのスパニエル犬のなかでも最も特異な犬種で、過去にアイルランドに生息した3種類のウォーター・スパニエルの生き残り種です。とてつもないスタミナの持ち主で、水泳能力は抜群、被毛は耐水性が高く、筋力もたくましいので、理想的な回収運搬犬になります。特に、冬のアイルランドで満潮時に行う港湾の冷たい水中での作業にはもってこいの犬種です。温和で従順、しかも注意力の高い相棒になりますし、同時に優れたガンドッグの役割も果たしますが、これまでのところポピュラーな家庭犬になったことはありません。しかし、郊外の散歩には好適です。

基本的なデータ

原産国　アイルランド
起源　19世紀
初期の用途　水禽猟
現在の用途　コンパニオン、水禽猟
寿命　12～14年
別名　パーティ・カラード・セッター
体重　20～30kg
体高　51～58cm

尾は下つき・先細りで、まっすぐに伸びています

力強い大腿筋

犬種の歴史

ポルトガルの漁夫がガロウェイ地方を訪れた時に、一緒にウォーター・ドッグを連れてきたのが始まりとされています。祖先にはプードルの血が入っていたと考えられます。

長くカールした頭頂毛は、眼のすぐ上までかかっているものが多い

耳は非常に長い垂れ毛で、胸の辺りまで達し、縄状の巻き毛に覆われています

首が長いので、頭部を体の上で支えることができます

骨太の前肢が肩からまっすぐ下に伸びています

趾は大きく丸みがあって、被毛に覆われています

カーリーコーテッド・レトリーバー

　カーリーコーテッド・レトリーバーは古典的な水猟犬で、今のところレトリーバー種のなかでは最も普及率の低い犬種です。しかし、一時は大変な人気があって、水中での獲物の捜索・回収用としてイギリスで広く利用されていました。水猟犬らしい立派な被毛は、クリクリと細かく密生し、耐水性のカールを成しています。坐骨部の形成異常が生じることがあります。下瞼のつっぱり（内反）が起きる頻度も比較的多い方です。しかし、この犬は愛嬌のある古風な犬種です。穏やかで気立てが良く、それでいて作業中は鋭い注意力を働かせます。

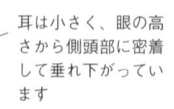

耳は小さく、眼の高さから側頭部に密着して垂れ下がっています

長くて強固な顎の先端に黒い鼻鏡があります

ガンドッグ 219

犬種の歴史

イギリスのレトリーバーのなかでも最も歴史が古く、記録によれば、1803年には既に姿を現わしていたそうです。おそらくは、絶滅したイングリッシュ・ウォーター・スパニエルとタラ漁の漁夫がイギリスに持ち込んだレッサー・ニューファンドランドの血を引いていると考えられています。

基本的なデータ

原産国　イギリス
起源　19世紀
初期の用途　水禽猟での獲物の捜索、回収
現在の用途　ガンドッグ、コンパニオン
寿命　12～13年
体重　32～36kg
体高　64～69cm

全身がクリクリとカールした被毛で覆われています

胸は深く、幅が広い

力強い体の後部

レバー　　黒

フラットコーテッド・レトリーバー

　毛並みの滑らかなこのフラットコーテッドは、ニューファンドランド系の犬種をもとにイギリスで繁殖され、20世紀の初頭までイギリスの猟場管理人の愛犬として飼育されていました。しかし、ラブラドールとゴールデン・レトリーバーが出現して以来、第二次世界大戦末期までにはほとんど絶滅してしまいました。今日の堂々としてユーモラスなフラットコーテッドは、一時はガンドッグとして流行した種類で、優秀な鳥猟犬であり、また水陸両用の優れた運搬犬として利用されています。社交性があり多彩なこの犬の人気は高まるに違いありません。ただ、ひとつ難をいえば、骨ガンの発生率が比較的高いことが挙げられます。

眼は暗色を呈し、大きさは中くらい。注意力と好奇心の強さを感じさせます

基本的なデータ

原産国　イギリス
起源　19世紀
初期の用途　ゲームの捜索、回収
現在の用途　コンパニオン、ガンドッグ、野外実地競技
寿命　11～13年
体重　23～35kg
体高　56～61cm

短く平たい尾には適度のふさ毛があります

犬種の歴史

　ニューファンドランド犬とニューファンドランドのセント・ジョンズ地方で産出した小型の作業犬を交配して、ウェイビーコーテッド・レトリーバーが生まれました。さらにセッターと交配して生み出されたのが、この陽気なフラットコーテッドです。

レバー　　　黒

光沢のある美しい密毛がぴったりと寝ています。耐水性のアンダーコートがあります

趾は丸くて堅固。指は適度に湾曲し、間隔は狭い

ラブラドール・レトリーバー

　耐水性が強くて水好き。愛想が良くて社交的。世界で最もポピュラーなこの家庭愛玩犬を形容する言葉の数々を聞いているだけで楽しくなってきます。ラブラドールは、当初はニューファンドランド海岸の花崗岩石が転がっている入り江の海岸線で活動していました。魚のかかった網を漁夫が引き上げることができるように、漁網の浮きを捜し出しては浜辺に運んでくる役割を果たしていたのです。今日では、まるで人間の家族の一員のように溶け込める家庭犬の真髄として、ゆるぎない評価を得ています。ただ残念ながら、その評価に相応しい暮らしをしていないラブラドールが少なくありません。遺伝性の白内障を患っていたり、股関節や肘の関節炎にかかっているもの、性格がわがままなものが見かけられます。しかしそれでも、ラブラドール・レトリーバーは、世界中で最も従順で信頼できる犬種のひとつであることに変わりはありません。

基本的なデータ

原産国　イギリス
起源　19世紀
初期の用途　ガンドッグ
現在の用途　コンパニオン、ガンドッグ、野外実施競技、救助犬
寿命　12～13年
体重　25～34kg
体高　54～57cm

尾はつけ根の部分が非常に太くなっています

尾の長さは中くらいで、豊かな密毛に覆われていますが、ふさはありません

ガンドッグ 223

イエロー

深い褐色

黒

額が広い頭部

眼は赤褐色で、大きさは中くらい温和な気質を思わせます

犬種の歴史

　世界一人気の高い犬種のひとつであるラブラドール・レトリーバーの原産地は、カナダはニューファンドランドのセント・ジョンズ地方です。現地では、より大型のニューファンドランド種と区別するために、「スモール・ウォーター・ドッグ（小型水猟犬）」という呼称で知られています。タラの塩漬けを売り歩いていた行商人が、イングランドのドーセット州にある港町にこの犬を連れてきました。それを地元の地主が買い上げ、ガンドッグ用に改良したのが始まりです。

胸は適度に深く、肋骨は十分に湾曲しています

前肢は骨太で、肩から地面に向かってまっすぐに伸びています

趾は丸く、小じんまりとしています

ゴールデン・レトリーバー

　開放的だが責任感は強く、おとなしいが警戒心に富み、敏感で穏やか。ゴールデン・レトリーバーはいろいろな意味で理想的な家庭愛玩犬です。愛情を強く求めますが、用途は多彩で訓練しやすく、魅力あふれるこの犬は、原産国のイギリスよりもむしろ北アメリカやスカンジナビアで高い人気があります。水禽を捜し出して回収する目的で繁殖されているので、性質は穏やかで、噛みついたりすることは滅多にありません。特に子供には辛抱強い犬です。これまで、用途に応じていろいろな血統が発達してきました。ある血統はガンドッグとして活動し、またある血統は野外実施競技用に作出されました。しかし、最も盛んに発達しているのは、やはりショーや家庭愛玩向けの血統です。この他、盲人や身体障害者の介護のために特別に訓練された犬を生み出した血統もあります。しかし、人気の高さが災いして、アレルギー性皮膚炎や眼の障害、あるいは神経過敏による噛みつき癖などの遺伝的欠陥を持つ血統も生まれています。

犬種の歴史

　記録によれば、この温和な犬種が初めて登場したのは19世紀後半のことで、淡色のフラットコーテッド・レトリーバーと今日では絶滅しているトゥイード・ウォーター・スパニエルを交配して生み出されました。ゴールデン・レトリーバーとして初めて出陳されたのは1908年のことでした。

被毛は平らまたは波状を呈します。耐水性のアンダーコートが密生

後肢は肉づきがよく、分厚い皮膚と密毛に覆われています

ガンドッグ 225

基本的なデータ

原産国　イギリス
起源　19世紀
初期の用途　ゲームの捜索、回収
現在の用途　コンパニオン、ガンドッグ、野外実施競技、介護犬
寿命　12～13年
体重　27～36kg
体高　51～61cm

クリーム　ゴールド

垂れ耳で、多少皺が入っています

眼の表情は優しい

暗色の下唇が自然と垂れ下がります

前肢にはふさ毛がたっぷりと生えます

被毛の色はクリームかゴールドで、加齢と共に薄くなります

趾はネコに似ており、パッドの隙間には豊かな毛が生えています

ノヴァ・スコシア・ダック・トーリング・レトリーバー

　カモやガンをショットガンの射程範囲におびき寄せ、ハンターが撃ち落とすと水中からそれを捜し出して回収するという、ちょっと変わった働きをする犬種。ハンターが岸辺の隠れ場から岸沿いに放り投げた棒切れを、この囮（おとり）犬が元気よく飛び出して回収します。ただし、吠えたりはしません。カモやガンが関心を持って岸辺に近づいてくるまでには、棒切れを何度も投げなければならないかもしれません。水禽が射程内に入ると、ハンターはいったん犬を隠れ場に呼び戻し、立ち上がります。驚いた水禽が飛び立ったところで、撃ち落とします。そこで、今度は囮犬が有能な回収運搬犬として活躍します。

基本的なデータ

原産国　カナダ
起源　19世紀
初期の用途　水禽のフラッシング、回収
現在の用途　ガンドッグ、コンパニオン
寿命　12～13年
別名　リトル・リバー・ダック・ドッグ
　　　ヤーマウス・トラー
体重　17～23kg
体高　43～53cm

頭部はすっきりとしており、ややくさび形になっています

胸は深く、冷水中での水泳にも耐えられるように被毛で覆われています

密毛で、レッドとオレンジ系の変化に富んだ色調を帯びています

犬種の歴史

トーリング（「おびき寄せる」という意味）用のレッド・ディーコイ・ドッグが主人に伴われてイギリスからノヴァ・スコシア半島に渡ったと考えられています。レトリーバーや実用スパニエルと交配して、1945年に公認されました。

耳は三角形で上つき、頭蓋のかなり後方にあります

力強く引き締まった肉づきのよいボディが、丈夫でがっしりとした四肢に支えられています

コイケルホンド

　歴史的に見ると、コイケルホンドは、今では絶滅しているイングリッシュ・レッド・ディーコイ・ドッグとだいたい同じような行動を示していました。そのおどけたしぐさとふさふさした白い尾を使って、仕かけられた金網やショットガンの射程範囲にカモやガンをおびき寄せます。この犬種は今なおカモの囮（おとり）として活躍していますが、ただ今日では、生け捕りにして水禽の種類を確認できるように、金網やショットガンの代わりにイグサのむしろでできた罠にカモやガンを追い込むという方法が採用されています。好奇心旺盛なこの犬種も、第二次世界大戦後に生き残ったのはわずか25匹でした。しかし今日では、この25匹を祖先とする新生犬が毎年約500匹も登録されています。遺伝子プールが小さいために、遺伝性疾患が生じます。しかし親しみやすく、根っから温和なこの犬種は、十分満足できる家庭愛玩犬になります。

基本的なデータ

原産国　オランダ
起源　18世紀
初期の用途　鳥獣のフラッシング、回収
現在の用途　コンパニオン、ガンドッグ
寿命　12〜13年
別名　ダッチ・ディーコイ・スパニエル
　　　コイケル・ドッグ
体重　9〜11kg
体高　35〜41cm

体高と体長がほぼ同じくらい

豊富で華麗なオーバーコートが外皮を覆っています

犬種の歴史

　この犬種の起源は、少なくともオレンジ公ウィリアムの時代までさかのぼります。一時はほとんど姿を消していたのですが、両大戦間中にハーデンブレック・ヴァン・アンメルストゥール夫人が再生しました。

耳には独特の
黒い飾り毛が
生えています

胸は適度に深く、
心臓部を守るため
に耐水性の被毛に
覆われています

チェサピーク・ベイ・レトリーバー

　チェサピーク・ベイ・レトリーバーの起源は、ニューファンドランドの小型水猟犬にまでさかのぼり、形態や機能の面ではカーリーコーテッド・レトリーバーに大変よく似ています。このことから、ニューファンドランドの血の他に、イギリスやアイルランドのウォーター・スパニエル、あるいはイングリッシュ・オッターハウンドの血が混じっていることが考えられます。チェサピーク湾岸の他、アメリカ、カナダ、スカンジナビア地方、イギリスの各地で、疲れを知らないこの作業犬はゲームの捜索・回収に卓越した能力を発揮しています。ラブラドール・レトリーバーよりもタフで、性質も鋭敏です。他のレトリーバー種と同様に、子供に優しく、見知らぬ人にも心を許します。主人に忠実なこの犬は田舎暮らしに適しています。

基本的なデータ

原産国　アメリカ合衆国
起源　20世紀
初期の用途　水禽猟での獲物の捜索、回収
現在の用途　コンパニオン、ガンドッグ
寿命　12～13年
体重　25～34kg
体高　53～66cm

被毛は厚いが短く、波状を呈していますが、巻き毛というほどではありません

淡黄色

レッド・ゴールド

褐色

ガンドッグ 231

犬種の歴史

伝えられるところによると、遭難したイギリスの軍艦を救助したお礼として船長からチェサピークの人たちに贈られたひとつがいのニューファンドランドの子犬をチェサピーク地方の土着の種と交配して生まれたのがチェサピーク・ベイ・レトリーバーだったのです。

耳は小さく、頭部の上の方からだらりと垂れ下がっています

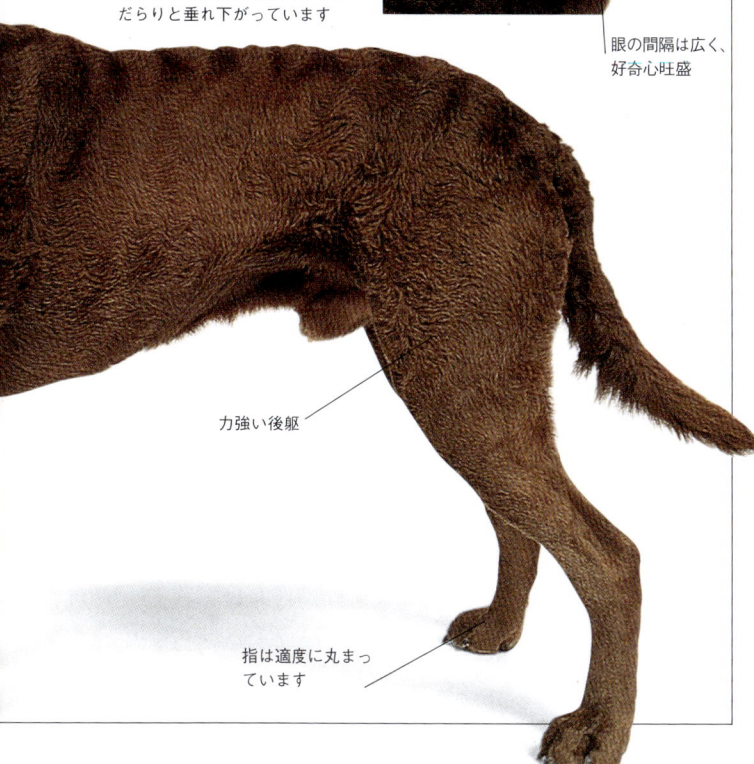

眼の間隔は広く、好奇心旺盛

力強い後躯

指は適度に丸まっています

アメリカン・ウォーター・スパニエル

　ウィスコンシン州の州犬である、生気にあふれたこの活発な犬は、機能的にイングリッシュ・スプリンガー・スパニエル、ブリタニー、及びノヴァスコシア・ダック・トウリング・レトリーバーに似ています。この犬種は獲物、特に水鳥を水場から飛び立たせたり追い出したりし、レトリーバーの典型である柔らかく口にくわえて主人のところまで持ち帰ります。肉薄で軽いので、早春から晩秋までの間、極寒のミシガン州、ウィスコンシン州、及びミネソタ州の湿地に、この犬をカヌーや小型ボートに乗せて連れていき、狩りをすることができます。南北戦争前の1850年代の錫板写真にこの犬種に似た犬が写っていますが、現在の形態は1920年代にF・J・プファイファー博士が改良したものです。北アメリカの他で働くことはまれですが、南カリフォルニアにこの種の近縁種であるボーイキンスパニエルがいます。七面鳥狩りに使われる水の好きなこの犬もまた、アイリッシュ・ウォーター・スパニエル及びフィールド・スパニエルの子孫です。

基本的なデータ

原産国　アメリカ合衆国
起源　1800年代
初期の用途　カモ狩り
現在の用途　カモ狩り
寿命　12年
体重　11～20kg
体高　36～46cm

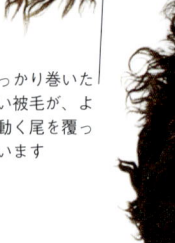

しっかり巻いた厚い被毛が、よく動く尾を覆っています

ガンドッグ 233

犬種の歴史

合衆国中西部のウィスコンシン州でつくられたこの犬は、少なくとも一部はアイリッシュ・ウォーター・スパニエルの血を引いています。巻き毛のレトリーバーとフィールド・スパニエルもおそらくこの交配に関与しています。この犬種は1940年に初めて正式に認定されました。

長い耳に巻き毛が密生しています

上唇は下顎に覆いかぶさります

首の線は滑らかに肩に繋がっています

まっすぐな強い前脚は、防水性のふさ毛で覆われています

パッドがよく発達した足には、趾がよくくっついています

レバー

濃いチョコレート色

イングリッシュ・スプリンガー・スパニエル

　底知れないスタミナを持つガンドッグ。沼地でゲームのフラッシングをしたり、公園でテニスボールを回収したり、とにかく体を動かすのが大好き。体の大きさに比べて足長で力が強く、常に精神的、肉体的な刺激を与えてやる必要があります。それを怠ると、人間や家畜に危害を加えたりするようになることがあります。今日、イギリスで最も人気の高い実用スパニエルとなっていますが、鳥猟能力はアメリカに渡ってから初めて認められました。優れたコンパニオンです。実用とショー用にはっきりと分かれていますが、都会生活に染まったものでも、本来の作業能力は失っていないはずです。

基本的なデータ

原産国　イギリス
起源　17世紀
初期の用途　鳥獣のフラッシング、回収
現在の用途　コンパニオン、ガンドッグ
寿命　12〜14年
体重　22〜24kg
体高　48〜51cm

ガンドッグ　235

犬種の歴史

おそらくは、あらゆる実用スパニエルの起源となる犬種です。この血統に属していることが明らかな犬が17世紀半ば以降の絵画作品に描かれています。スプリンガーとコッカーが別々の血統に分かれたのは、19世紀後半になってからのことです。

耳は、全体が耳たぶのような形状で、左右のつけ根が接近しており、見事な被毛に覆われています。また、眼にかからないような位置についています

黒／白

レバー／白

ストレート・コートで、堅毛ですが粗毛ではありません。長いふさ毛があります

脚は長い被毛で覆われています

ウェルシュ・スプリンガー・スパニエル

　重労働にも耐え、水泳が大好きで、スタミナ抜群。ウェルシュ・スプリンガーは多才な犬種で、コンパニオンにしても優秀、実用ガンドッグとしても一流です。ウェールズやその他の地方では、家畜追い犬や牧羊犬としても利用されています。ゲームのフラッシング（つまり、「スプリンギング」）が得意。実用とショー用にはっきり分かれていないところはイングリッシュ・スプリンガーと違いますが、各用途で同様に人気があります。すべてのガンドッグの例に漏れず、服従訓練にもよく反応します。

ふさふさの絹状の直毛で、巻いていません

ガンドッグ 237

口吻部はまっすぐに伸び、適度に角張っています

眼は暗色で、大きさは中くらい

筋肉質の長い首は、傾斜した長めの双肩にしっかりと収まっています

イングリッシュ・スプリンガーに比べて耳は小さい

犬種の歴史

　この温和な犬種が初めて美術作品に登場したのは17世紀のことで、一時はウェルシュ・コッカーとして出品されていたこともありました。1902年になって、ようやく純粋種として認知されました。

基本的なデータ

原産国	イギリス
起源	17世紀
初期の用途	ゲームの回収、鳥獣のフラッシング
現在の用途	コンパニオン、ガンドッグ
寿命	12〜14年
体重	16〜20kg
体高	46〜48cm

イングリッシュ・コッカー・スパニエル

　順応性の高い実用犬。東西ヨーロッパやイギリスの各地で、家庭愛玩犬として抜群の人気があります。難をいえば、アメリカン・コッカーと同様に、さまざまな遺伝性疾患に悩まされます。眼球の充血、数々の皮膚病、腎臓病、行動異常の他、特にソリッド・カラーの犬種では怒りの爆発による行動異常が見られます。従って、コッカー・スパニエルを購入する時には、前もって血統の詳細を確認しておいたほうがいいでしょう。主に愛玩犬として繁殖された犬種ですが、野外実地競技でも十分な働きをします。

多少ウェーブのかかった被毛がふさ毛で覆われています。外気から身を守るための密なアンダーコートが生えています

さまざまな毛色

耳に長く垂れ下がった絹状の被毛

ガンドッグ 239

基本的なデータ

原産国　イギリス
起源　19世紀
初期の用途　小型ゲームの回収
現在の用途　コンパニオン
寿命　13～14年
別名　コッカー・スパニエル
体重　13～15kg
体高　38～41cm

犬種の歴史

　1800年頃までに、小型のランド・スパニエルはゲームを飛び立たせる「スターター」と、草むらでフラッシングや回収をする「コッカー」に分けられました。この犬種はウェールズ地方やイングランド南西部で作出された犬を祖先としています。

ボディは、アメリカン・コッカーほど短くありません

前脚は骨太

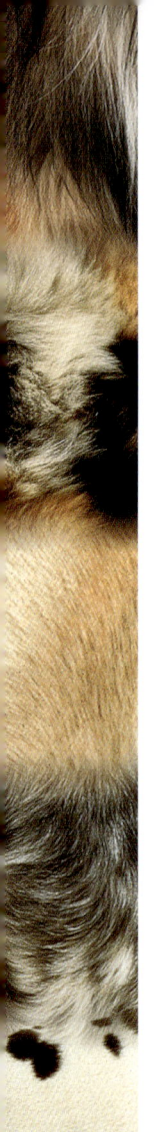

アメリカン・コッカー・スパニエル

　愛情に厚く、アメリカ犬のなかで最も人気のある犬種で、祖先はイングリッシュ・コッカー・スパニエルの実猟犬。アメリカン・コッカーを実猟犬として利用することはこれまでにも何度か試みられてきましたし、事実、この犬にも狩猟本能は残っています。しかし、その人気は、何といっても愛玩犬としての温和な性質にあります。その美しさと愛らしさは、北米や中南米の各地ばかりでなく、日本でもよく認められているところです。てんかんをはじめとして病気が多いのが残念ですが、寛大で愛想の良い性質がそうした身体的欠陥を埋め合わせています。

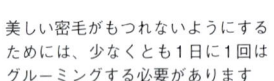

美しい密毛がもつれないようにするためには、少なくとも1日に1回はグルーミングする必要があります

基本的なデータ

原産国　アメリカ合衆国
起源　19世紀
初期の用途　小型ゲームの回収
現在の用途　コンパニオン
寿命　13〜14年
別名　コッカー・スパニエル
体重　11〜13kg
体高　36〜38cm

ガンドッグ 241

犬種の歴史

伝えられるところによれば、スパニエル犬が初めてアメリカの地を踏んだのは、1620年、メイフラワー号に乗った移民たちに連れられてきた時でした。当初は、すべてのスパニエル犬が同一種と見なされていたのですが、いつしかアメリカン・スパニエルが改良作出され、1946年に独立の犬種として認められました。

頭部は、イングリッシュ・コッカーよりもはっきりとしたドーム型をしています

ややアーモンド状の眼

さまざまな毛色

被毛はやや波状を呈し、きめ細やか

フィールド・スパニエル

　アメリカン・コッカー・スパニエルと同様に、フィールド・スパニエルも、祖先のイングリッシュ・コッカー・スパニエルから区別される純粋種として認知されてから外形が大きく変わりました。が、その結果は惨たんたるものでした。20世紀はじめ、ブリーダーは、胴長短足で骨太の犬種を作出するために選択交配しました。以来、フィールド・スパニエルは、野外活動の能力をすっかり失ってしまったのです。1960年代になって、イングリッシュ・コッカーとスプリンガー・スパニエルを使って、本来のフィールド・スパニエルの再生を図り、今日の愛情豊かな犬が生まれました。

尾は、背中のラインよりも下についています。実用犬では断尾

趾は丸まり、指の間に柔らかい短毛が生えています

被毛は絹状で光沢があり、悪天候にも適応できます。巻き毛ではありません

ガンドッグ 243

レバー

黒

ローン

眼は中くらいの大きさで、落ち着きがあります

犬種の歴史

　もともとはコッカー・スパニエルの一種とされていましたが、1892年にショー出陳のために純粋種としての認定を受けました。しかし、ショー向けに交配したことが作業能力を著しく劣化させる結果になってしまいました。第二次世界大戦が終わる頃には、ほとんど絶滅状態になっていましたが、それ以降1969年までには、個体数も順調に増えていきました。

下つきの垂れ耳で、優雅な襞が見られます

基本的なデータ

原産国　イギリス
起源　19世紀
初期の用途　ゲームの回収
現在の用途　コンパニオン
寿命　12～13年
体重　16～23kg
体高　51～58cm

前肢はまっすぐで、骨は中くらいの太さ

サセックス・スパニエル

　ずんぐりとしているが引き締まった体形。分厚い皮膚と下つきの耳。サセックス・スパニエルの先祖は、難所でゆっくりと活動できるように繁殖された犬だったと考えられます。実戦向きの作業犬で、臭跡を追いながら「追い鳴き」をします。ベテランのハンターなら、この鳴き声の声色だけで、どんな動物を追跡しているのかが分かります。赤褐色の豊かな被毛は外貌上の大きな魅力のひとつですが、この毛色が暗く、密生しているため、高温多湿の環境には適しません。選択交配の結果、下瞼や下唇が垂下しており、そこから病原菌が侵入して伝染病にかかることがあります。

被毛は豊かで平らに寝ています。耐水性のアンダーコートが密生しています

前肢はかなり短くて力強く、被毛に覆われています

パッドは力強く分厚い。指の間には適度のふさ毛が見られます

ガンドッグ 245

犬種の歴史

　近親種は、密生した草むらの中での銃猟に仕えるために作出されたのですが、体色の派手なこのサセックス・スパニエルに限っては、実用と同時に愛玩用としてサセックス地方出身のブリーダーが繁殖したと考えられています。北アメリカには数えるほどしかいませんし、本国イギリスでも珍種に属します。

基本的なデータ

原産国　イギリス
起源　19世紀
初期の用途　ゲームの追跡
現在の用途　コンパニオン
寿命　12～13年
体重　18～23kg
体高　38～41cm

ボディは長くて幅も広く、筋肉が発達しています

クランバー・スパニエル

　伝えられるところによれば、クランバー・スパニエルの祖先は、フランスのノワイル公爵が所有していた捜索犬や回収運搬犬だったそうです。フランス革命の時に、公爵は自分の飼い犬をイングランドのニューキャッスル公爵のもとに疎開させました。作業用のクランバー・スパニエルは、数頭でチームを組んで整然と慌てることなく行動し、ハンターが撃ち落としたゲームを捜し出します。今日では、大方が都会の家庭の庭先でのんびりと暮らしながら、昆虫や落ち葉などを几帳面に追跡・運搬しています。温和な性質ですが、退屈すると噛みついたりすることがあります。

オーバーコートは豊かで、滑らかに密生しています。アンダーコートも密生

基本的なデータ

原産国　イギリス
起源　19世紀
初期の用途　ゲームの捜索、回収
現在の用途　コンパニオン、捜索犬
寿命　12～13年
体重　29～36kg
体高　48～51cm

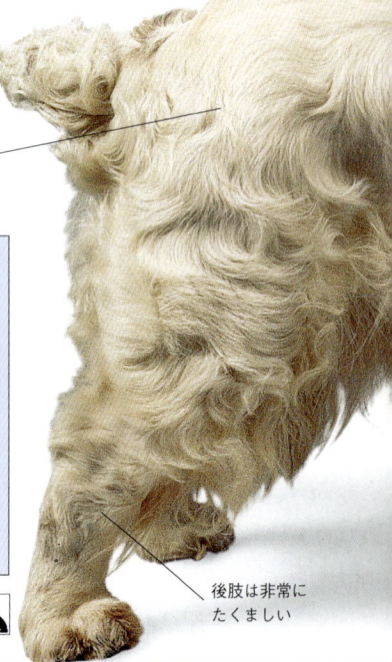

後肢は非常にたくましい

ガンドッグ 247

犬種の歴史

　犬種名は、ニューキャッスル公爵の屋敷がノッティンガムシャーのクランバー・パークにあったことに由来しています。このユニークな犬種は、バセット・ハウンドの血を受け継いでいるらしく、胴長です。さらにセント・バーナードの血も入っているため、頭が大きめです。

頭部は大きくて、がっしりと角張り、頭頂部が広い

眼は暗い琥珀色

趾は大きく、被毛に覆われています

ブリタニー

　フランス原産種としては最もポピュラーな犬種。カナダやアメリカではハンターの頑健な伴侶として活躍している、優秀な中型犬です。セッティングやフラッシングの能力に優れたガンドッグでありながら、スパニエル犬と見なされることがよくあるのは、この犬を愛する人たちにとって非常に残念なことです。いまだに、多くの国で"スパニエル"という呼称で呼ばれているせいです。サイズからするとスパニエルのようにも見えるのですが、性能の上では典型的なポインターなのです。スタンピ・テールを持つポインター犬は、世界中でもおそらくこの犬種だけでしょう。外貌はいく分粗野な印象を与えますが、頼りがいがあり、従順なコンパニオンになります。

基本的なデータ

原産国　フランス
起源　18世紀
初期の用途　回収運搬犬
現在の用途　回収運搬犬、コンパニオン
寿命　12～14年
別名　エパニュール・ブルトン
　　　ブリタニー・スパニエル
体重　13～15kg
体高　46～52cm

筋肉の発達した腰部

249

レバー／白

黒／白

トライカラー

一般的なスパニエルと比べて、唇が引き締まっています

耳は、高い位置から短く垂れ、いく分丸まっています

被毛は細い密毛で、粗いふさ毛があります

犬種の歴史

　古い文書や図版などに出てくるブリタニーの原型種は、20世紀初頭までにほとんど絶滅しました。同じ頃、アーサー・アノーという地元のブリーダーの手によって復活したのが現存種です。親しみやすく、思いやりのあるコンパニオンとして飼えますが、猟犬、ポインター、回収運搬犬としても使えます。

イングリッシュ・セッター

　優雅で気品があり、おとなしくて思慮深いのがこのイングリッシュ・セッター。子供にも大変よくなつき、しつけやすく、野外では責任感のある作業犬になります。注意したいのは、遺伝性の網膜障害により盲目になる犬が少数ながらあるということです。また、白を主色とした血統には、アレルギー性の皮膚病の発生率が比較的高くなる傾向にあります。体力のある犬種ですから、存分に運動させてやる必要があります。

眼は暗い赤褐色で輝きがあり、穏やか

口吻は四角くてやや奥行きがあります

適度に襞のある耳は、顔に接して垂れています

ガンドッグ 251

レモン／白 黒／白

レバー／白 トライカラー

基本的なデータ

原産国	イギリス
起源	19世紀
初期の用途	鳥獣の回収運搬、セッティング
現在の用途	コンパニオン、回収運搬
寿命	12～13年
体重	25～30kg
体高	61～69cm

オーバーコートは絹状の長毛で、やや波状

尾はまっすぐで先細り

犬種の歴史

　スパニエル系の犬を祖先とし、猟犬としての能力を受け継ぎながら発達してきました。今日のイングリッシュ・セッターは、イギリスのエドワード・ラヴェラック卿により作出されました。

趾は引き締まっていて、指の間に被毛が生えています

ゴードン・セッター

　セッター種のなかでは最もたくましく、大型で動作がゆったりとした犬種。他のセッター種のような広範な人気はありません。銃猟が一般化する前は、臭いを追跡してゲームを見つけ出すと、その場に座り込んで主人がくるのを待つという作業で活躍していました。この能力は、今日のゴードン・セッターの親しみやすい呑気な性質のなかに息づいています。飼い主に忠実で従順ですから、申し分のないコンパニオンになるはずです。毎日、存分に運動させる必要があります。

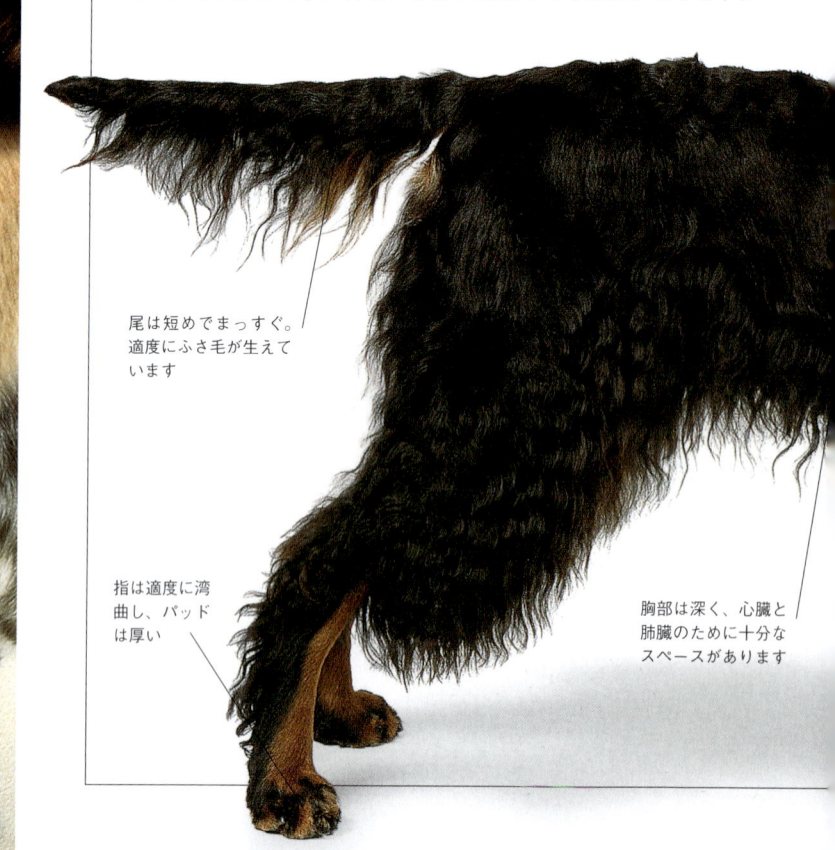

尾は短めでまっすぐ。適度にふさ毛が生えています

指は適度に湾曲し、パッドは厚い

胸部は深く、心臓と肺臓のために十分なスペースがあります

ガンドッグ 253

眼は暗褐色に輝き、くつろぎのなかにも明敏な洞察力を感じさせます

鼻は幅が広くて黒く、鼻孔が大きい

首部はほっそりとアーチを描いて頭部を支えています

唇は輪郭がくっきりとしています

犬種の歴史

17世紀、イギリスに黒＆タンの毛色を持つセッターがいました。今日のゴードン・セッターのスタンダードの起源は、スコットランドの城主、ゴードン公爵がバンフシャーの邸宅で飼っていた犬に由来します。

基本的なデータ

原産国　イギリス
起源　17世紀
初期の用途　鳥猟時のセット
現在の用途　コンパニオン、ガンドッグ
寿命　12～13年
体重　25～30kg
体高　62～66cm

アイリッシュ・セッター

　アイリッシュ・セッターは、ゲーリック語では単に"モダー・ルー"とか"レッド・ドッグ"という呼名で知られていましたが、レッド・スパニエルとも呼ばれていました。今日でも、活発で精力的な犬種ですから、戸外での運動を必要とします。他の大方のコンパニオン・ドッグに比べて走るのが速く、他の犬を見つけては遊び相手にしようとします。元気いっぱいの外向的な性格なのです。晩成型の上、陽気な犬なので、落ち着きがなくやたらと興奮しやすい犬という不本意な評判もあります。

被毛は絹状で長い。冬季にはアンダーコートがたっぷりと生えます

尾は、低いつけ根から水平に伸びているか、または垂れています

ガンドッグ 255

鼻色は黒または
チョコレート色

眼は楕円形で、
表情は優しい

基本的なデータ

原産国　アイルランド
起源　18世紀
初期の用途　ゲームの回収運搬、
　　　　　　セット
現在の用途　コンパニオン
寿命　12〜13年
別名　アイリッシュ・レッド・セッター
　　　レッド・セッター
体重　27〜32kg
体高　64〜69cm

犬種の歴史

　オールド・スパニッシュ・ポインター（スペイン以外では知られていません）の他、セッティング・スパニエルや初期のスコティッシュ・セッターの血を引いています。

前肢はまっすぐで
がっしりとしていて、趾は小さい

アイリッシュ・レッド・アンド・ホワイト・セッター

　アイリッシュ・セッターと同様に、このレッド＆白種も他の大方のガンドッグに比べて服従訓練に時間がかかります。しかし、訓練さえ積めば、信頼できるコンパニオンになります。他の動物に強い関心を示すことから、特に子犬のうちは、おとなしい犬種に比べてケガをすることが多いようです。また、胸部が非常に深いため、胃袋の突発的な激しい捻れ（胃捻転）を起こしやすく、これが生死に関わることさえあります。嗅覚が鋭いので、効率的で熱心なガンドッグになります。

口吻は奥行きがかなり深い

基本的なデータ

原産国　アイルランド
起源　18世紀
初期の用途　ゲームの回収運搬、セット
現在の用途　コンパニオン、ガンドッグ
寿命　12〜13年
別名　パーティ・カラード・セッター
体重　27〜32kg
体高　58〜69cm

犬種の歴史

作業用のアイリッシュ・セッターは、チェストナット、レッド＆白の体色でした。しかしブリーダーたちが選択交配でレッドのアイリッシュ・セッターを作出しようとしました。レッド＆白は、絶滅の危機に瀕していましたが、復活しつつあります。

耳は三角形で、短毛に覆われています

胸部は深く狭い

四肢はまっすぐで骨太。密生したふさ毛に覆われています

指は端正で引き締まっており、指の間に被毛が生えています

イングリッシュ・ポインター

　温和で従順、生命を重視する性質を持つイングリッシュ・ポインターの元来の用途は、犬の自然な行動様式と矛盾するものでした。野ウサギを見つけるとその場に立ってポイントするだけでなく、動物を追跡して捕らえるグレイハウンドを一緒に連れて活動できます。選択交配により、従順で高潔かつ献身的である一方、ちょっと神経過敏なところのあるポインターが作出されました。思いやりの深い性質は、家庭犬に好適です。

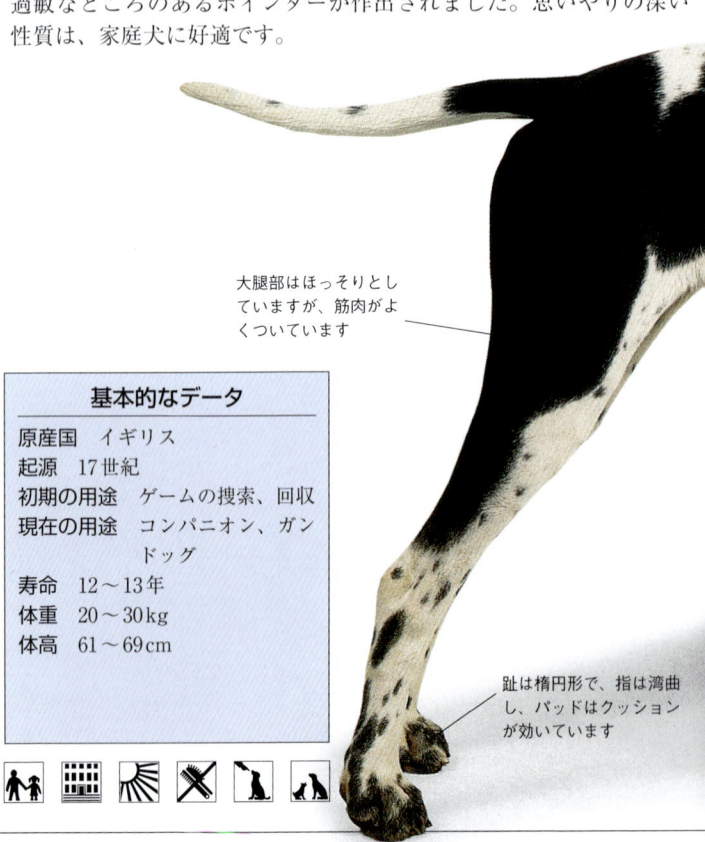

大腿部はほっそりとしていますが、筋肉がよくついています

基本的なデータ

原産国　イギリス
起源　17世紀
初期の用途　ゲームの捜索、回収
現在の用途　コンパニオン、ガンドッグ
寿命　12〜13年
体重　20〜30kg
体高　61〜69cm

趾は楕円形で、指は湾曲し、パッドはクッションが効いています

259

- 輪郭のはっきりとしたストップが頭蓋部と口吻部の境界をなしています
- 耳つきは高く、警戒中でもだらりと垂れています
- 傾斜した長い肩関節から前肢の繋ぎの部分まで一直線
- 美しく滑らかな硬毛で、豊かな光沢

犬種の歴史

　イングリッシュ・ポインターの起源ははっきりとは分かっていませんが、イギリスで作出されたことは間違いありません。繁殖のある段階で、オールド・スパニッシュ・セッターの血統が採用されたと考えられています。

レモン／白	オレンジ／白
レバー／白	黒／白

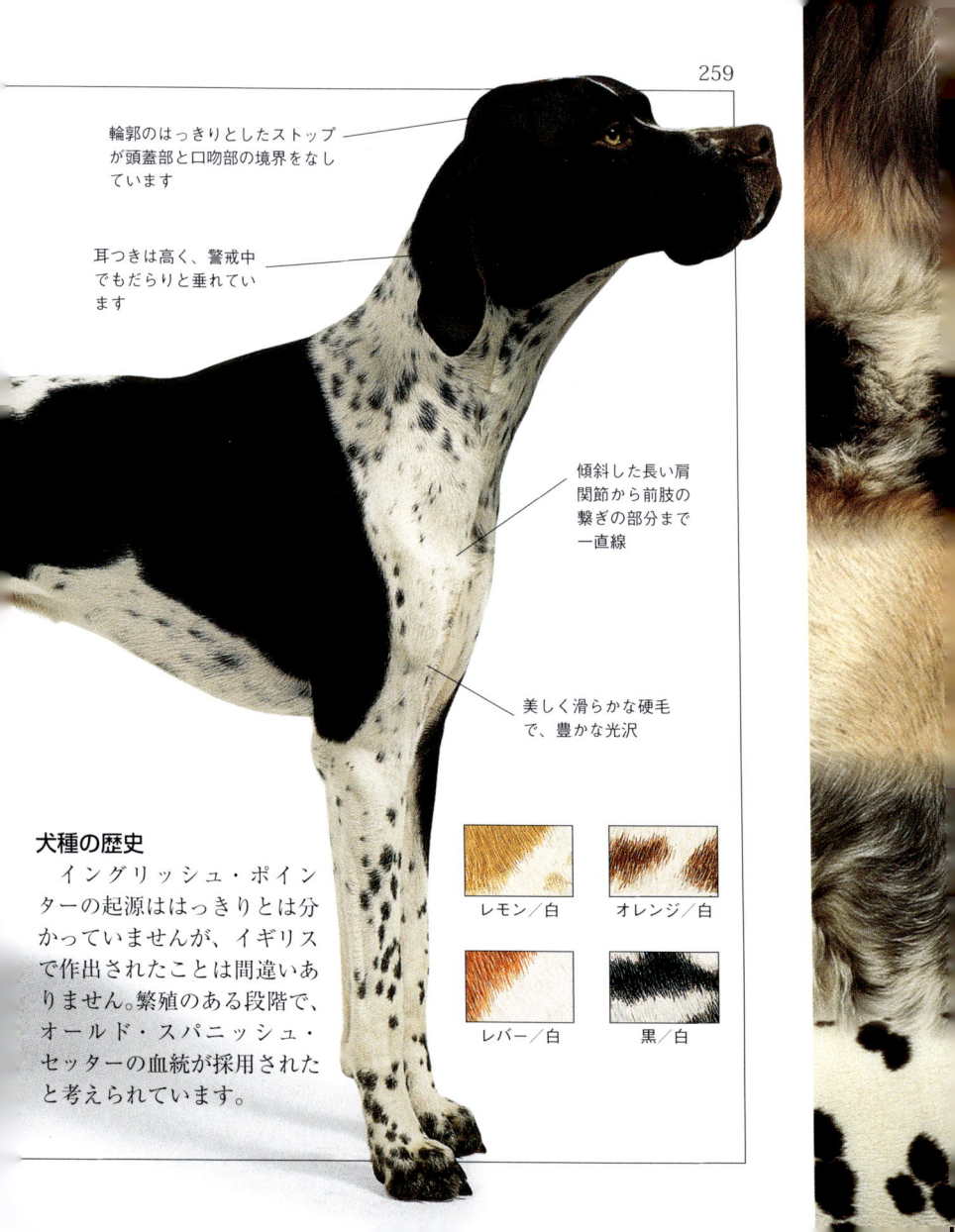

ジャーマン・ポインター

　今日見られるジャーマン・ポインターは、それぞれ起源の異なるさまざまなグループに分けられます。いずれも、19世紀後半のドイツで盛んに試みられた犬種交配の成果です。ドイツ国内に伝わる純粋種をベースにしながらも、同時にフランスやイギリスの血統を導入することで、ドイツのハンターやブリーダーたちは、互いに性質がはっきりと異なる3種のポインターを作出しました。ワイアーヘアード・ポインターは、優秀な家庭犬であると同時に、屈強な作業犬にもなります。ロングヘアード・ポインター（KCだけでなくFCIでも公認）は、今のところ主に作業犬として使われています。なかには憶病な犬もいますが、ほとんどは申し分のないコンパニオンになる他、番犬にしても驚くほど優秀な働きをします。ショートヘアード・ポインターも憶病な場合がありますし、血統によってはてんかんの発作を起こす犬もあります。しかし、同型の他の犬種に比べて平均寿命は長い方ですし、都会で飼っても農村で飼っても従順なコンパニオンになります。

基本的なデータ

原産国　ドイツ
起源　19世紀
初期の用途　万能の猟犬
現在の用途　コンパニオン、ガンドッグ
寿命　12～14年
別名　ドイチャー・ドラートハーリガー・フォアシュテーフント
体重　27～32kg
体高　60～65cm

レバー／白

黒

黒／白

レバー

趾はがっしりとしています

ガンドッグ 261

犬種の歴史

19世紀までのジャーマン・ポインターは、体重が重くておとなしく、動作のゆったりとした犬種でした。背は鞍形で足はウサギに似たこれらの犬を、体重の軽いイングリッシュ・ポインターと交配することで、細身ながらもたくましく、今日の姿に生まれ変わりました。ドイツやイギリスでは週末を楽しむハンターの伴侶として愛好され、北アメリカでは野外実地競技に熱心に取り組んでいます。

耳はつけ根が高く、ほどよい長さ。

眼は眼球に密着した瞼に縁取られています

被毛は短く太い剛毛で、手触りは粗い

胸部は横幅に比べて深さがあり、弾力性のある肋骨に守られています

前肢は長くまっすぐ。堅固な骨に皮膚が密着しています

大腿部は幅広く、筋肉質で締まっています

ジャーマン・ショートヘアード・ポインター

262　家庭犬の種類

犬種の歴史

ガンドッグの細分化に対する反動として、フレンチ・グリフォン、プードルポインター、ショートヘアード・ポインター、ブロークン・コーテッド・ポインターの交配が行われ、フラッシング、ポイント、運搬回収の性能を兼ね備えたこの水陸両用の万能犬が生まれました。ドイツでは1870年に純粋種として公認されました。

粗い顎髭がたっぷり生えています

ジャーマン・ワイアーヘアード・ポインター

レバー／白　　黒／白　　レバー

尾は、たっぷりとしたふさ毛に覆われています

犬種の歴史

ジャーマン・ロングヘアード・ポインターは、外貌、性質共に、エパニュール・フランセの他、他の長毛の大陸型鳥猟犬の血を受け継いでいます。アイリッシュ・セッターとゴードン・セッターとの交配によりレッド＆黒の毛色を持つ犬種が作出されましたが、これは通常、犬籍登録には承認されていません。ジャーマン・ロングヘアード・ポインターが初めて一般向けに姿を現わしたのは、1879年のことで、場所はハノーバーでした。

ジャーマン・ロングヘアード・ポインター

ガンドッグ 263

頭部は長く、肉が薄い。
眼は優しさを感じさせます

口吻は広くて長
く、どっしりとし
ています。鼻
色はブラウン

耳は側頭部につい
ており、つけ根の
幅が広く、波状の
被毛に覆われてい
ます

胸部は前に
張り出して
います

前肢はまっすぐで
長く、短毛の飾り
毛が適度に生えて
います

足趾はほどよく丸み
を帯び、指の間に被
毛が密生しています

大型ミュンスターレンダー

　大型ミュンスターレンダーの血統が今日まで生き残っているのは、積極的な理由よりも消極的な理由によります。ジャーマン・ロングヘアード・ポインターの数が減少するに従って、この犬種を保護するためのブリード・クラブが生まれ、レヴァー＆白の犬種だけをスタンダードとして採用しました。しかしその後も黒＆白の子犬が度々生まれたので、ドイツのミュンスター地方のハンターたちがその形態と機能に関心を寄せるようになり、引き続きそうした犬種を繁殖したのです。ハンターたちは、繁殖した犬を小型ミュンスターレンダーと区別する必要が出てきたところでブリード・クラブを結成しました。現在、この犬は、親しみ深い犬種として愛育されています。

基本的なデータ

原産国　ドイツ
起源　19世紀
初期の用途　追跡、ポイント、回収
現在の用途　コンパニオン、ガンドッグ
寿命　12〜13年
別名　グロッサー・ミュンスターレンダー、フォルシュテーフント
体重　25〜29kg
体高　59〜61cm

ふさ毛に覆われた尾が背面の高さから伸びています

ガンドッグ 265

犬種の歴史

ドイツの不定形の鳥猟犬が祖先ですが、当初は、レバー＆白をスタンダードとするジャーマン・ロングヘアード・ポインターの変種（黒＆白）として登場しました。1919年にこの犬種のブリード・クラブが結成されて以来、小型ミュンスターレンダーと同様に、本国外でも次第に人気を高めつつあります。

先端が丸みを帯びた広い耳が、頭部にもたれかかるように垂れています

筋肉質な首

詰んだ長毛はボサボサというほどではなく、巻き毛でもありません

まっすぐで長い前肢にはふさ毛がたっぷりと生えています

趾は堅固で丈夫。黒い爪の生えた指の間には被毛がたくさん生えています

チェスキー・フォーセク

　この明敏な犬は、ボヘミアで最もポピュラーな猟犬です。陸上、水中を問わず、ゲームのポイント、セットから回収運搬まで、多才な作業能力を備えています。家庭でくつろいでいる時には、子供に対しても大抵はよくなつきます。雌雄の間でサイズにはっきりとした差が出ることもあります。最も大きな雄犬は、最も小さな雌犬よりも50％近くも大きくなります。なかには、やたらとわがままになる犬もいるので、断固たる姿勢でしつける必要があります。規則正しく運動させれば、愛らしくて従順なコンパニオンになりますが、本来は田園地方で飼うのに最も適しています。チェスキー・フォーセクが初めて公式のスタンダードとして公認されたのは、19世紀後半のことでした。原産国のチェコ以外の国でも評価されるべき、優秀な犬種です。

基本的なデータ

原産国　チェコ共和国
起源　19世紀
初期の用途　ゲームのポイント
現在の用途　ゲームのポイント、コンパニオン
寿命　12〜13年
別名　チェック・ポインター、チェック・コースヘアード・セッター
体重　22〜34kg
体高　58〜66cm

尾は、背のラインの延長上に伸びています

被毛は、密生した柔らかなアンダーコートと、粗くて硬いオーバーコートのダブルコート

足趾はスプーン形。爪は強固で暗色を呈します

ガンドッグ 267

耳つきは高く、幅広い。先端に向かって先細りになっています

口吻部は頭蓋よりやや長い

肉づきのよい強固な肘の下に、細身でまっすぐな前脚が伸びています

褐色／白

褐色

犬種の歴史

　チェスキー・フォーセクの祖先は、15世紀にカモなどの猟鳥のポイントやセットに活躍していた犬だったと考えられます。20世紀に入って、ジャーマン・ワイアーヘアードとショートヘアードのふたつの血統を導入して改良されました。

ワイヤーヘアード・ポインティング・グリフォン

　エドゥアルト・コルトハルスは、彼がどの犬種を使ってワイヤーヘアード・ポインティング・グリフォンを作出したのかを、全く記録にとどめていません。しかし、ミュンスターレンダーやジャーマン・ショートヘアード・ポインター、そしてフレンチ・グリフォンなどが交配に一役買っていたと見られます。地勢、天候、ゲームの種類を選ばず、ポイントから回収運搬に至る作業をこなすこの犬種は、ヨーロッパ産の万能実猟犬として初めてアメリカで公認されました。その猟欲の対象は、猟鳥だけでなくげっ歯類やキツネの類にまで及びます。性質の上でも典型的なガンドッグです。明敏で服従心に富み、子供と仲良くします。通常は、他の犬とも気楽に打ち解けますが、雄犬は攻撃的になることがあります。

基本的なデータ

原産国　フランス
起源　1860年代
初期の用途　実猟、回収運搬
現在の用途　実猟、回収運搬、
　　　　　　コンパニオン
寿命　12〜13年
別名　グリフォン・ダレー・コルトハルス
体重　23〜27kg
体高　56〜61cm

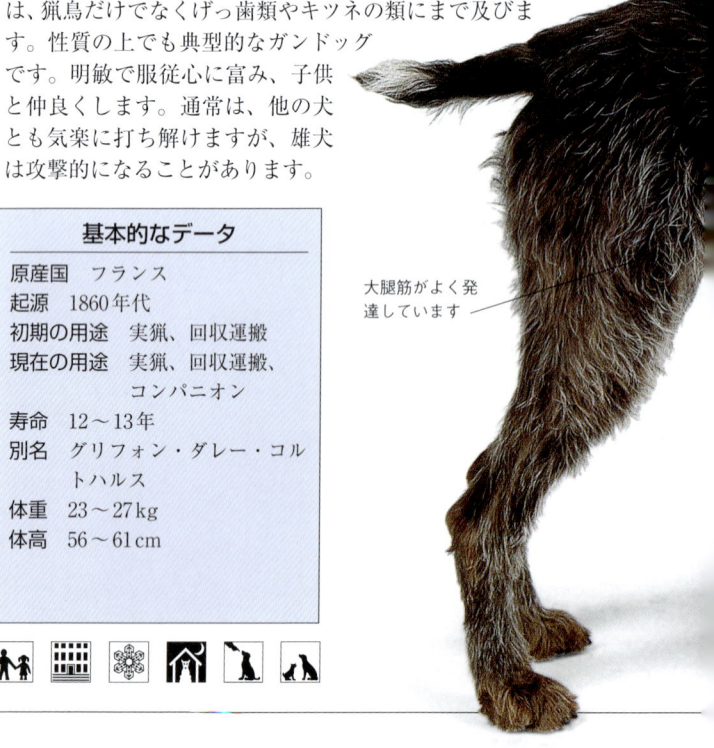

大腿筋がよく発達しています

ガンドッグ 269

眼はイエローブラウン色で、濃い眉毛に覆われています

頭蓋は細長く、口吻は方形

長くて太い剛毛の顎髭があります

前肢はまっすぐで長く、ふさ毛がうっすらと生えています

犬種の歴史

この万能作業犬は、オランダ、ベルギー、ドイツ、フランス、そしておそらくはイギリスのガンドッグの血を引いています。交配作出したのはオランダのブリーダーで、ドイツに暮らしたこともあるエドゥアルト・コルトハルスです。多才な犬種ですが、欧米でもあまり普及していません。

ハンガリアン・ヴィズラ

　ハンガリアン・ヴィズラは、温和で気品があり、それでいてエネルギッシュな犬です。1930年代にハンガリー人たちが故国を捨ててヨーロッパの他の地域や北アメリカに移住した時に一緒に愛犬を連れていかなかったら、おそらくこの犬は第二次世界大戦を経ても生き残ることはなかったでしょう。元来、ヴィズラの用途はポインターとレトリーバーというふたつの用途に利用されてきたのですが、この20年の間にさらに、従順で信頼に厚い家庭愛玩犬として広く愛好されるようになりました。ハンガリー国内では次第に人気が高まりつつありますが、反面、その本来の用途はすっかり忘れられてしまいました。カナダでは、粗毛種のヴィズラが、週末を楽しむハンターたちのお供をするガンドッグとしてよく活動しています。嗅覚に優れているため、臭跡を追うのに余念がなく、ゲームや放り投げられたテニスボールを夢中で捜し出します。

基本的なデータ

原産国　ハンガリー
起源　中世、1930年代
初期の用途　ハンティング、鷹狩り
現在の用途　コンパニオン、ガンドッグ
寿命　13～14年
別名　マジャール・ヴィズラ
体重　22～30kg
体高　57～64cm

滑らかで密な短毛が体に密着しています。ワイアーヘアードのみアンダーコートが生えます

まっすぐで肉づきよく堅固な前脚が肘で支えられています

耳は薄く滑らかで、末端部は丸くなっていて、頬に密着するように垂れています

胸は適度に深く、肘まで達しています

犬種の歴史

初めてヴィズラという犬種名が使われたのは1510年のことで、すでに絶滅しているパンノニアン・ハウンドという土着犬とイエロー・ターキッシュ・ドッグとを交配したことに由来しています。1850年代までに、現在の短毛のガンドッグとして確立されました。ワイアーヘアーの犬種が発生したのは1930年代のことでした。

ワイマラナー

　隆々たる筋肉とユニークな体色を持つこの犬種は、作業犬としてもコンパニオンとしても人気があります。普段は、明敏かつ従順で、勇敢な犬です。しかし、憶病なところもないわけではなく、血統によってはそれが遺伝的性質となっているようです。ポピュラーな短毛種と、比較的めずらしい長毛種がありますが、いずれも信頼できる作業犬で、実猟のみならず、野外実地競技や服従作業でも優れた能力を発揮します。また、その天性の性向と長所を活かして、信頼性の高い番犬にもなります。優美にしてかつスピード、スタミナ共に優れ、持久力がありますが、何よりも注目したいのは、この犬種の「スター性」でしょう。琥珀色かブルー・グレーの眼、輝くようなスチール・カラーの被毛は、貴族的な品格を感じさせます。服従訓練の飲み込みも早く、都会でも田舎でも飼えます。

眼はくっきりとして愛敬があり、独特の色を呈します

被毛はつややかなスムースコート

コンパクトな趾

ガンドッグ　273

犬種の歴史

狩猟狂のヴァイマール公国大公カール・アウグストにちなんでワイマラナーと命名されたこの高貴な犬も、その明確な起源は分かっていません。一説によれば、絶滅したライトフントにさかのぼるかもしれません。19世紀に展開された選択交配により、今日のスタンダードが確立されました。

耳は高つきで、やや波打っています

端正な唇には繊細な被毛が生え、褐色の鼻鏡と触れ合っています

頭部は貴族的な雰囲気を醸し、口吻、頭蓋共に長い

胸部は深く、弾力性のある肋骨とたくましい肩に守られています

前脚はまっすぐで力が強い

基本的なデータ

原産国　ドイツ
起源　17世紀
初期の用途　大型ゲームの捜索
現在の用途　ガンドッグ、コンパニオン
寿命　12～13年
別名　ヴァイマラーナー・フォアシュテーフント
体重　32～39kg
体高　56～69cm

ブラッコ・イタリアーノ

　社交界の隆盛を極めたルネッサンス期イタリアにあっては、精力的かつ鋭敏で、ちょっぴり強情なこの犬も人気に陰りを見せました。最近になって、まずはイタリアのブリーダーたちによって、次に欧州連合に属する他の国々のブリーダーの間で「再発見」されました。今日では、均整のとれた、たくましい体形を持つこの犬は、ヨーロッパの主なドッグ・ショーでよく見かけられます。謹厳でしかも穏やかな気質の持ち主ですから、感度の良いコンパニオンになります。同時にまた、獲物の嗅跡追跡に、ポイントや回収運搬にと、水陸どちらでも能力を発揮する精力的な実猟犬になります。

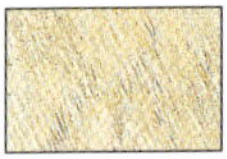

白

白/オレンジ
白/チェストナット

基本的なデータ

原産国　イタリア
起源　18世紀
初期の用途　捜索、ポイント、回収運搬
現在の用途　コンパニオン、ガンドッグ
寿命　12～13年
別名　イタリアン・ポインター
　　　イタリアン・セッター
体重　25～40kg
体高　56～67cm

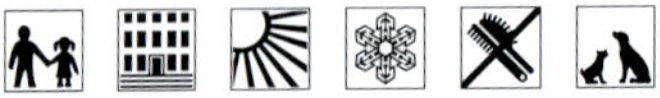

大腿が非常に長く、飛節のところで適度に屈曲しています

ガンドッグ 275

犬種の歴史

独特の外貌を持つこの犬種は、ピエモンテとロンバルディアで発達しました。セグージョと古代のアジア・マスティフを交配して作出されたという説や、セント・ハバート・ハウンドの系統を引いているとする説もあります。

眼は明るい色を呈します

耳つきは低く、かなり後方から垂れています

短くて太く、光沢のある上品な被毛

前脚はまっすぐで堅牢。前脚後背部の腱が突出しています

趾は頑強で、大きく丸まっています。指の爪は丈夫で湾曲しています

イタリアン・スピノーネ

　イタリアン・スピノーネは、近年、原産国イタリアを超え、北アメリカ、スカンディナヴィア、イギリス、そしてEUの他の国々で人気を獲得しました。人によっては嫌がるほどネバネバした唾液を垂らすし、少々刺激の強い体臭もあるのですが、それ以外は穏やかでおとなしく、おおらかで従順なこの犬は、作業犬として適しています。実猟、フィールド・トライアル、よく弾むおもちゃの追跡などに優れた能力を発揮します。しかし、スピノーネは威風堂々として毅然とした感じを与えますが、よく知られているように、ゆったりとした足取りで、よくはしゃぎます。時に、乱暴を働くことすらあります。

基本的なデータ

原産国　イタリア
起源　中世
初期の用途　ゲームの回収運搬
現在の用途　コンパニオン、フィールド・トライアル、ガンドッグ
寿命　12〜13年
別名　スピノーネ・イタリアーノ
　　　スピノーネ
体重　32〜37kg
体高　61〜66cm

耳は三角形をなし、太くて短いヘアを伴います

被毛は太くて粗く、体皮に密着するように生えている

白

白／オレンジ
白／チェストナット

犬種の歴史

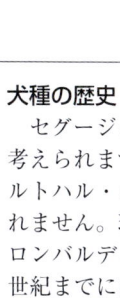

セグージョの系統を引いていると考えられます。あるいは、古代のコルトハル・グリフォンが祖先かもしれません。現存種は、ピエモンテとロンバルディで発達したもので、13世紀までには純粋種としての存在が明らかになっていました。外貌、キャラクター共に、人の心を引きつける魅力があるので、これからも人気は高まっていくことでしょう。

口元や顎に長い被毛が生えています

前脚はまっすぐで骨太。後背部の腱がはっきりと現われています

長くて幅広の大腿部は、後背部がやや湾曲しています

牧畜犬と護衛犬

人間の野営場所や家の護衛をするのは犬の持つ天性の習性です。その昔、現在のイラクであるチグリス・ユーフラテス・デルタでは、狩猟民であった我々の祖先がその地で開発や農耕を行うようになり、それに伴い人間の護衛犬であった犬の役目も家畜の護衛にまで拡大されました。子犬の頃から羊、山羊、牛などと一緒に育てられた犬は、その群れの一員であるかのように、家畜の世話をするようになる、ということを羊飼いは発見しました。間もなくこの護衛犬は、やがてなくてはならない存在になったのです。

ルーツ

最初の頃は牧畜の群れは小さく、休んだり牧草を食べている牧畜たちをオオカミや盗人から守るのが犬の役目でした。しかし、群れが大きくなるにつれ、群れからはぐれる牧畜も現われ、はぐれた牧畜をもとの群れに戻すために小さくて機敏な犬が用いられるようになり、これが後のハーダーとなったのです。やがて、羊飼いは牧畜の長距離輸送を始めるようになり、これに伴い、また別の犬のグループが発展してきました。これが牧畜追い犬です。ハーダーと牧畜追い犬は、牧畜の護衛・移動というふたつの役目を担いました。大きい牧畜追い犬は牛の移動に使われ、小さく、より機敏な犬は羊と山羊の移動に使われました。小さい方の牧畜追い犬が、現在のシープドッグの先祖です。

マスティフは、厳選された犬種改良によって作出された犬で、ハーダーや牧畜追い犬とは若干異なった経路をたどります。軍の戦略家たちはマスティフの潜在的な能力を見出し、その能力を戦争兵器へと発展させていきました。軍隊の移動に伴う人の群れや所有物の防護をするかたわら、マスティフは主人の攻撃的な戦術も自発的に模倣しました。体格のがっちりしたマスティフはヨーロッパ、アジア全域に広がり、戦場からスポーツの領域に入りました。最初は他の動物と闘っていましたが、後にはマスティフ同士が対戦するようになりました。

今日のマウンテンドッグの多くは、牧牛犬種、護衛犬種、闘犬種などのマスティフを祖先に持ちます。2000年前、ローマ軍がアルプスを越えてスイスに入った時に、牛の護衛犬としてマスティフも軍隊に同行し、グレート・スイス・マウンテンドッ

ジャーマン・シェパード・ドッグ

グ、セント・バーナードなどの子孫を各地に残してきました。ローマでは、マスティフは闘犬リングの上で、他の動物及びマスティフ同士と対戦しました。その子孫はブル・バイター、ベア・バイター、闘犬となりましたが、彼らの主な役目は家を守ることでした。これらの闘犬を祖先に持つのが、ブル・マスティフ、ブル・ドッグ、グレート・デーン、ボクサーです。南アメリカに輸出された闘犬は、今日のパワフルな地域特有の犬種に発展しました。

ボースロン

護衛犬とハーディング・ドッグ

マスティフ・タイプの犬の主な役目は牧畜の護衛でしたが、養牛・養豚業者や屠殺業者は、牧畜の護衛と移動を行える頑丈で機敏な犬を必要としていました。オールド・イングリッシュ・シープドッグはかつては優秀な牛追い犬でした。同様に、コーギーとスウィーディッシュ・バルフンドも牛追い犬でした。ドイツで、牛追いの役目を果たしていたのが、ジャイアント・シュナウザー、スタンダード・シュナウザー及びロットワイラーで、今日のフランスではブービエ・デ・フランダースが牛追い犬として使われています。オーストラリアでは、牧牛の大きな群れの移動に依然としてケルピー、オーストラリアン・キャトル・ドッグ、及び種々のヒーラーが使われています。そして、より防衛能力に優れた護衛犬種がアジアからヨーロッパ、アフリカへと広がり、バルカン諸国では多様なシープドッグへと発展し、ハンガリーでは、コモンドールが防護・護衛犬として使われて

います。ヨーロッパ内部では、クーバース、マレーマなどのマウンテンドッグが牧場の巡察犬、護衛犬として使われていましたが、ハーディングはしませんでした。これらの犬は、牧畜を襲うオオカミと区別し、群れを管理するのに使われています。

ハーディングをするシェパード・ドッグはヨーロッパの平地で護衛犬種が徐々に進化していったものだと考えられます。そして、これがイギリスで発展して生まれたのがあの素晴らしいコリーです。ベルギー、オランダ、フランス、ドイツでも羊のハーダーから発展していった犬がいます。今日のピカルディー・シェパード、ボースロン、ブリアード、ダッチ・シープドッグ、シャペンドース、ベルジアン・シェパードはすべてハーディング能力と従順性を高めるために最近になって厳選された交配によって作出された犬種です。多芸なジャーマン・シェパードは従順性と分別を必要とするさまざまな分野で活躍しています。

ランカシャー・ヒーラー

ジャーマン・シェパード・ドッグ

　ローマの歴史家タキトゥスは「ライン川周辺の国々におけるオオカミによく似た犬」について書いています。この記述からすると、ジャーマン・シェパード・ドッグとその同系統であるダッチ・シェパード及びベルジアン・シェパードは、何千年にもわたり現在と同じ姿で存在してきたと考えられます。第一次世界大戦が始まる頃には、ジャーマン・シェパードはドイツ全域で人気犬種となり、その後、たちまちのうちに世界中に広まっていきました。しかし、乱雑な繁殖により、肉体的にも行動の上でも問題が生じました。関節炎、眼の病気、腸の病気の他、さまざまな医学的な問題が頻繁に生じるようになったのです。そして、神経質で、恐怖心が強く、憶病で、他の犬に対して攻撃的になりました。その結果、個々の犬の質にばらつきが出てくるようになったのです。しかし、注意事項をきちんと守って繁殖を行うようになった結果、温和で信頼性が高く、反射能力に優れ、従順性を持つ犬種となったのです。

大腿はたくましく筋肉質で、足の骨は少し曲がっています

アーチした小さくて丸い形の整った趾

牧畜犬と護衛犬　281

直立した、つけ根の高い耳は警戒心が強い印象を与えます

上頭部は眼から鼻にかけて次第に細くなっています

胸は深い

さまざまな毛色

犬種の歴史

　起源は新しく、マックス・ヴォン・ステファニッツが19世紀末に始めた完璧な繁殖プログラムによって開発された犬種です。熱心なブリーダーたちは、ロングヘアード、ショートヘアード、ワイアーヘアードの犬を使って、エレガントで反射能力に優れ、従順かつ見事な容姿を持つジャーマン・シェパードを作出しました。1915年まではロングヘアード及びワイアーヘアードが存在しましたが、今日、ほとんどの国では、ショーで承認されるものはショートコートのみです。

基本的なデータ

原産国　ドイツ
起源　1800年代
初期の用途　羊のハーディング
現在の用途　コンパニオン、警護、アシスタント
寿命　12〜13年
別名　アルサシアン
　　　ドイッチェ・シェーファーフント
体重　34〜43 kg
体高　55〜66 cm

グローネンダール

　ベルギーのシェパード犬の分類は、国内のケネルクラブがその命名方法で意見が一致しないため、簡単ではありません。1891年、ベルギー獣医学校のアドルフ・ルール教授がベルギーに生息するすべてのシープドッグについて現地調査を行った結果、4つの犬種がベルギー国内で公認されるようになりました。多くの国では、ベルギーのシェパード犬はすべてベルジアン・シェパードとして一括して扱われています。しかし、アメリカではグローネンダールをベルジアン・シェパードと呼び、マリノワとタービュレンはそれぞれ別犬種として扱われています。ラークノアという呼び方は全く使われていません。これらすべての犬種に共通していえることは、気が荒いので早い時期にトレーニングする必要があるということです。

三角形で、硬く、まっすぐな耳

長く滑らかで黒い被毛は、特に肩、首、胸で豊富

牧畜犬と護衛犬　283

犬種の歴史

19世紀末、ブリーダーたちは土着のシープドッグに高い関心を寄せ、シープドッグをいくつかの犬種に分類するために標準を設けました。ベルギーでは、最初、ベルギー人ブリーダー、ニコラス・ローズによって開発されたグローネンダールをはじめとする8つのスタンダードが公認されていました。

基本的なデータ

原産国　ベルギー
起源　中世、1800年代
初期の用途　牧畜のハーディング
現在の用途　コンパニオン、番犬
寿命　12～13年
別名　シェン・ド・ベルジュ・ベルジ
　　　ベルジアン・シェパード
　　　ベルジアン・シープドッグ
体重　27.5～28.5 kg
体高　56～66 cm

適度な長さの尾には飾り毛が豊富

ラークノア

　同系統のグローネンダール、マリノワ、タービュレンと同様、意志が強く、強情な性格をしていますが、これら同系統の犬種ほど噛みつきやすい性質ではありません。ラークノアは比較的数の少ない犬種ですが、その理由ははっきりとは分かっていません。他のベルギーのシェパード犬同様、多産で、使役犬としての能力はあるのですが、外貌が粗野なためブリーダーたちの間で人気がないのが原因かもしれません。警戒心が強く、非常に活動的であるため、服従訓練の覚えも早く、素晴らしい番犬になります。子犬の頃からなつかせれば、子供たちの良い友達になります。しかし、他の犬とトラブルを起こすこともあります。

後肢は筋肉質ですが、重々しい感じはありません

尾には被毛が密生していますが、飾り毛はほとんどありません

粗く、パサパサしたフォーンの被毛は一般に少し縮れています

牧畜犬と護衛犬　285

つけ根が高く硬い耳

基本的なデータ

原産国　ベルギー
起源　中世、1800年代
初期の用途　牧畜のハーディング及びガーディング
現在の用途　コンパニオン、番犬
寿命　12～13年
別名　ラーケンス、シェン・ド・ベルジュ・ベルジ（参照：グローネンダール）
体重　27.5～28.5 kg
体高　56～66 cm

口吻には剛毛の飾り毛があります

犬種の歴史

現在残っているベルギーのシェパード犬の中で最も数の少ない犬種です。粗くぼさぼさした被毛を持つラークノアは、ベルギーのヘンリエッタ王女の寵愛を受け、彼女がよく訪れたラーケン城にちなんでその名前がつけられました。隣国オランダ原産で粗毛のダッチ・シェパードによく似ており、初めて公認されたのは1897年です。

マリノワ

　マリノワの被毛はスムースヘアーのダッチ・シェパードの被毛によく似ていますが、性格はラークノアによく似て、活動的かつ警戒心が強く、護衛犬及び防護犬としての本能を携えています。グローネンダールやタービュレンほど噛みつきやすい犬ではありませんが、ベルギーのシェパード犬の中では、ラークノアに次いで人気のない犬種です。その数が少ないのは、この犬種に非常によく似て人気の高いジャーマン・シェパードと競合しているからです。しかし、マリノワは優れた犬で、警察の警護犬としての用途が増えてきています。

幅はありませんが、深く広い胸

上腕は体に接近しています

牧畜犬と護衛犬　287

犬種の歴史

　ベルギーのシェパード犬の中で最も早く確立された犬種であるマリノワは、他のベルギーのシェパード犬の判断基準に使われるようになりました。マリノワという名前は、このタイプのシープドッグが最も多いマリーヌという町の名前によります。体形は、ジャーマン・シェパードに非常によく似ています。

基本的なデータ

原産国	ベルギー
起源	中世、1800年代
初期の用途	牧畜のハーディング
現在の用途	コンパニオン、警護、アシスタント
寿命	12〜13年
別名	グローネンダールの項を参照
体重	27.5〜28.5 kg
体高	56〜66 cm

短くて硬いフォーンの被毛には、黒いティッピングがあります

リラックスしている時、尾は先の方が少し丸まった状態でだらんと垂れています

グレー

フォーン

レッド

タービュレン

　タービュレンは、トレーニングのしやすさと素晴らしい集中力のため、機敏性テスト犬、警察・警護犬、目の不自由な人や体に障害を持つ人を助ける補助犬として使われるようになりました。また、この10年間で、密輸される麻薬を捜す嗅覚犬としても使われるようになり、これが大成功を収めています。体は2色の長いオーバーコートで覆われ、淡色のオーバーコートにはティッピングがあり、これがタービュレンの魅力を増し、最近この犬種の人気は高まっています。他のベルギーのシェパード犬同様、しっかりとした管理をすれば映える犬種です。

グレー

フォーン

レッド

細く、活発そうな後肢は飾り毛で覆われています

丸みを帯びた趾には硬くて黒い爪が生えています

牧畜犬と護衛犬 289

長い飾襟毛が首を取り巻き、その下にある細くて黒いアンダーコートを覆っています

犬種の歴史

性格、外貌ともグローネンダールに非常によく似たターピュレン（グローネンダールの交配で時々ターピュレンの子犬が生まれることがあります）は、グローネンダールと同じ祖先を持ちます。第二次世界大戦の終わり頃には絶滅の危機に瀕していましたが、この10年、特に麻薬犬としての人気が急上昇してきました。

基本的なデータ

原産国　ベルギー
起源　中世、1800年代
初期の用途　牧畜のハーディング
現在の用途　コンパニオン、警護、アシスタント
寿命　12〜13年
別名　グローネンダールの項を参照
体重　27.5〜28.5kg
体高　56〜66cm

ボーダー・コリー

　イギリスやアイルランドでは今でも牧羊犬として最も人気の高いボーダー・コリーは、とてもかわいいペットになりますが、都市では扱いが大変です。使役犬として使われてきたこの犬は、本能的に捕食性が強く、その性質は繁殖とトレーニングにより素晴らしいハーディング能力になりました。元来、働くようにできている犬種ですから、常に刺激を与えていなければ、欲求不満から他の犬や人間をハーディングするといった破壊的な行動を取ったり、噛みついたりするでしょう。

基本的なデータ

原産国　イギリス
起源　1700年代
初期の用途　羊・牛のハーディング
現在の用途　コンパニオン、羊のハーディング、シープドッグのテスト犬
寿命　12～14年
体重　14～22 kg
体高　46～54 cm

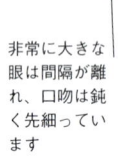

非常に大きな眼は間隔が離れ、口吻は鈍く先細っています

犬種の歴史

　スコットランドの山間のボーダーズ州で、羊飼いたちによって長年使われていましたが、今日の名前がつけられたのは1915年になってからです。

牧畜犬と護衛犬　291

レッド　　　ブルーマール　　黒／白

トライカラー　　褐色　　　黒

豊かで、少し硬めのつややかなオーバーコート

重々しいたてがみ

尾は低く垂れていますが、先端部は上向きに巻いています

骨太で、まっすぐな前脚

292　家庭犬の種類

ラフ・コリー

　ラフ・コリーは、その気品にあふれる外貌でまずブリーダーたちの注目を浴び、それから後に一般に広がりました。ヴィクトリア女王がラフ・コリーをコンパニオンに選んだのをきっかけに、この犬種の人気は高まっていきました。国際的な公認と人気を得たのは、ハリウッドがこの犬種の存在を知り「名犬ラッシー」という映画を制作してからです（ちなみに、映画「名犬ラッシー」では、ラディーという名前の雄犬が使われました）。この犬種はもともとはハーディングに使われていましたが、ドッグ・ショーで優秀な成績を修めるようになり、その結果ショー・ドッグとして有名になりました。また、素晴らしいコンパニオンになります。服従訓練も簡単で、子供にとっても安全、かつ防衛能力にも優れ、番犬としても優秀です。被毛が絡みやすいので、毎日の手入れが必要です。

豊かでまっすぐなオーバーコート

牧畜犬と護衛犬　293

豊富で、滑らかで、光沢のあるたてがみ

頭部は鈍いくさび形

セーブル／白　ブルーマール　トライカラー

アーモンド形でわずかに傾斜した眼

鼻は日焼けしやすい

犬種の歴史

スコットランド北部の寒い地域の原産です。現在でも当時の体形をとどめていますが、使役犬として使われていたときは、今日見られるエレガントな姿よりも、脚及び鼻は短いものでした。

基本的なデータ

データ原産国　イギリス
起源　1800年代
初期の用途　羊のハーディング
現在の用途　コンパニオン
寿命　12〜13年
別名　スコッティッシュ・コリー
体重　18〜30 kg
体高　51〜61 cm

前脚は豊富な飾り毛で覆われています

スムース・コリー

　スムース・コリーは、時々スムース・コートの子犬を生むことから、長い間ラフ・コリーと一緒に分類されてきました。スムース・コリーとラフ・コリーの性格は全く異なりますが、それは、めずらしい犬種であるこのスムース・コリーの遺伝子プールが、ラフ・コリーの遺伝子プールよりも小さいためと考えられています。スムース・コリーは、ラフ・コリーほど人気はなく、イギリス以外では滅多に見られません。その性格は、シャイで、すぐに人に噛みつく癖があります。しかし、素晴らしいコンパニオンになり、都市生活にも向いています。

大腿は筋肉がよく発達し、肢は長く、大腿より下はがっちりしています

短く密生した被毛

セーブル／白

ブルーマール

トライカラー

牧畜犬と護衛犬 295

直立耳で、警戒している時には、先が垂れています

基本的なデータ

原産国　イギリス
起源　1800年代
初期の用途　羊のハーディング
現在の用途　コンパニオン
寿命　12〜13年
体重　18〜30 kg
体高　51〜61 cm

犬種の歴史

　スムース・コリーの起源は、1873年に生まれたトレフォイルという名前のトライカラーの子犬にさかのぼります。また、グレイハウンドの血統も引いていると思われます。

長く、すらりとした前脚

シェットランド・シープドッグ

　シェルティーは、日本では人気の高い犬種のひとつで、イギリスや北アメリカでも高い人気を誇っています。今日、使役犬として使われることは滅多にありませんが、護衛犬及びハーディング・ドッグとしての数々の本能はいまだに兼ね備えていますので、飼い主の家を守るのにその本能を十分に発揮してくれるでしょう。かつて、ドワーフ・スコッチ・シェパードと呼ばれていたこの犬種は、標準的なミニチュアで、ダックスフンドのように矮小型ではありません。つまり、スコットランドの大型の牧羊犬を小型化したものです。しかし、小型化に伴い、長く細い肢が骨折しやすくなったり、遺伝的な消化不良及び眼の問題など、種々の問題が発生しました

セーブル　　トライカラー

ブルーマール　　黒/タン

黒/白

長く粗いオーバーコート

牧畜犬と護衛犬 297

小さい半直立耳は、両耳の間隔が狭く、ぴったりくっついています

犬種の歴史

輸入したラフ・コリーとスコットランドのシェットランド諸島にいる犬を交配して作出されたものと考えられています。

耳から鼻にかけて先細った頭部は、気品を醸し出しています

首の回りには被毛が豊富に生えています

基本的なデータ

原産国　イギリス
起源　1700年代
初期の用途　羊のハーディング
現在の用途　コンパニオン、羊の
　　　　　　ハーディング
寿命　13～14年
体重　6～7kg
体高　35～37cm

298　家庭犬の種類

ビアデッド・コリー

　この歴史の古い犬種の大きな特色は、豊富に生えた被毛です。この犬種は、使役犬としては姿を消しましたが、1944年に、ジーニーという犬を飼っていたウィルソン夫人がサセックス州のホーヴのビーチで遊んでいたベイリーを見つけ飼うようになり、また復活しました。実際に、今日のすべてのバーディーはこの2匹の犬の子孫です。元気がよく、友好的なビアデッド・コリーは、精神的かつ肉体的な刺激を絶やさず与える必要があるので、時間的な余裕とエネルギーのある人には最適な犬種です。

基本的なデータ

原産国	イギリス
起源	1500年代
初期の用途	羊のハーディング
現在の用途	コンパニオン
寿命	12～13年
別名	バーディー
体重	18～27 kg
体高	51～56 cm

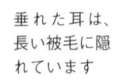

垂れた耳は、長い被毛に隠れています

前脚は、長くぼさぼさした被毛で覆われています

牧畜犬と護衛犬 299

犬種の歴史

バーディーの起源はポーリッシュ・ローランド・シープドッグと考えられています。イギリスで名声を得た後、アメリカ、そしてカナダでも高い人気を得ました。

グレー フォーン

ブルー 褐色

黒

体は長く、背は平坦。被毛は自然に真ん中から分かれています

つけ根が高く長い尾は、豊富な飾り毛で覆われています

オールド・イングリッシュ・シープドッグ

　1961年に、イギリスのペイント・メーカーがテレビのコマーシャルでこのオールド・イングリッシュを自社のシンボルとして使ったのをきっかけに、ペイントの売れゆきが急騰し、その結果この犬種も急速に売れるようになりました。この犬種が備え持つ攻撃的な本能が、時折表に現われることもありますが、早い時期に訓練をすれば、愛情を強く求めてくる性質をコントロールすることができます。この強健な犬は、ことわざにあるような"はた迷惑な乱暴者"として振る舞う可能性を秘めてはいますが、素晴らしいコンパニオンになり、護衛犬としても優れた才能を発揮します。

子犬の頃の柔らかい被毛は、成犬になると硬く、ボサボサになります

ブルー　　グレー

基本的なデータ

原産国　イギリス
起源　1800年代
初期の用途　羊のハーディング
今日の用途　コンパニオン
寿命　12～13年
別名　ボブテイル
体重　29.5～30.5 kg
体高　56～61 cm

犬種の歴史

　起源は、ブリアードのような大陸の牧羊犬にさかのぼると考えられています。選択交配は1880年代に始まりました。

牧畜犬と護衛犬 301

四角い頭部と、長くがっちりして四角く切形の顎

立った時、肩は腰より低くなります

まっすぐな前脚は、豊富で硬いオーバーコートと防水性を持つアンダーコートで覆われています

カーディガン・ウェルシュ・コーギー

　カーディガン・ウェルシュ・コーギーが近くにいる時には、足首に注意してください。この頑丈な使役犬は、もともとは家畜のくるぶしに噛みつきながら家畜を市場に追っていく役目をしていた"ヒーラー"の本能を持っています。家畜が振り回す蹄を避けられるように、地面に着くくらい低い体形をしています。"Cur"はかつて「見張る」という意味の言葉で、"gi"は古いウェールズ語では「犬」を意味します。コーギーはまさにその名の通りの犬で、用心深く、飛びつきやすい防護犬かつ羊牛追い犬として定評があります。また、元気なコンパニオンにもなります。

基本的なデータ

原産国　イギリス
起源　　中世（？）
初期の用途　牧畜追い犬
現在の用途　コンパニオン、牧畜
　　　　　　追い犬
寿命　12～14年
体重　11～17 kg
体高　27～32 cm

スムースで、保護能力に長けたオーバーコートは感触が粗く、柔らかく断熱性を持つアンダーコートを覆っています

オオカミに似たはけ状の尾がついています

牧畜犬と護衛犬 303

さまざまな毛色

暗色で中程度の少し斜眼気味の眼は、間隔が離れています

たくましく、少しアーチになった首がなだらかに傾斜した肩についています

犬種の歴史

ある犬の権威によれば、この犬種は3000年以上前にケルト人と共にイギリスにやってきたということです。また、別の見方もあり、大陸のバセット犬の遠縁で、イギリスにきたのは1000年ほど前のことだという人もいます。1800年代に、ペンブローク・ウェルシュ・コーギーと交配し、その結果、この2犬種の違いは少なくなりました。

ペンブローク・ウェルシュ・コーギー

　ペンブローク・ウェルシュ・コーギーはスウィーディッシュ・バルフンドに非常によく似ています。それは、バイキングがこの小さなヒーラーの先祖を移住先のイギリスからスカンジナビアに持ち帰ったためと考えられます。1800年代まで、ヒーラーは、牛を市場まで連れていくのにイギリス全土で使われていました。ペンブロークはその祖先が、体力と優れた作業能力を持っていたため、人気の使役犬になりました。今日でも使役犬として使われているペンブロークはいますが、ほとんどはコンパニオンとして飼われています。この犬種の持つ噛みつきやすい性質は、ブリーダーたちの努力のおかげで、ある程度のところまで弱めることができました。

尾がないのは、先天的なものです

基本的なデータ

原産国　イギリス
起源　900年代
初期の用途　牧畜追い犬
現在の用途　コンパニオン、牧畜
　　　　　　追い犬
寿命　12〜14年
体重　10〜12 kg
体高　25〜31 cm

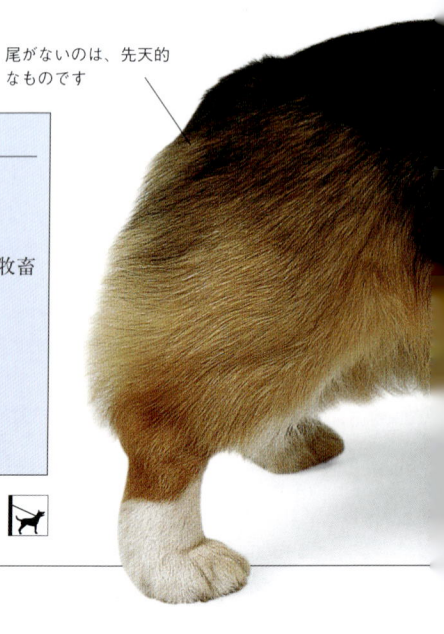

牧畜犬と護衛犬　305

セーブル　　フォーン　　黒／タン　　レッド

中程度の硬い直立耳は、先が丸みを帯びています

犬種の歴史
　古い記録によれば、ペンブローク・ウェルシュ・コーギーは、遅くとも920年以降にはイギリスに存在していたということです。

体はカーディガンに比べて非常に短い

ランカシャー・ヒーラー

　輸送の機械化に伴い古代のヒーラーたちの仕事は無くなり、イギリスではヨークシャー・ヒーラー、ノーフォーク・ヒーラー、ドローヴァーズ・カー、ロンドンのスミスフィールド・コリーなどの犬種はすべて絶滅しました。今日のランカシャー・ヒーラーは、色、サイズとも古代のランカシャー・ヒーラーとほとんど同じですが、牧牛犬として使われることは滅多になく、また、牧牛犬としての教育も受けていません。テリアの血を引いているため、警戒心が強く、ネズミとウサギの捕獲能力に優れ、愉快なコンパニオンになります。

尾のつけ根は高く、前方に曲がっています

犬種の歴史

　家畜のくるぶしに噛みついて家畜たちを市場まで追っていたヒーラーは、牛が市場まで誘導される場所ではどこでも見られました。ランカシャー・ヒーラーは、20世紀の初期に絶滅しました。今日見られる犬種は、特にウェルシュ・コーギーとマンチェスター・テリアを交配することによって1960年に復活したものです。

後肢は筋肉がよく発達しています

体の大きさと調和のとれた短い脚。前脚はタンの柔らかい被毛で覆われています

牧畜犬と護衛犬　307

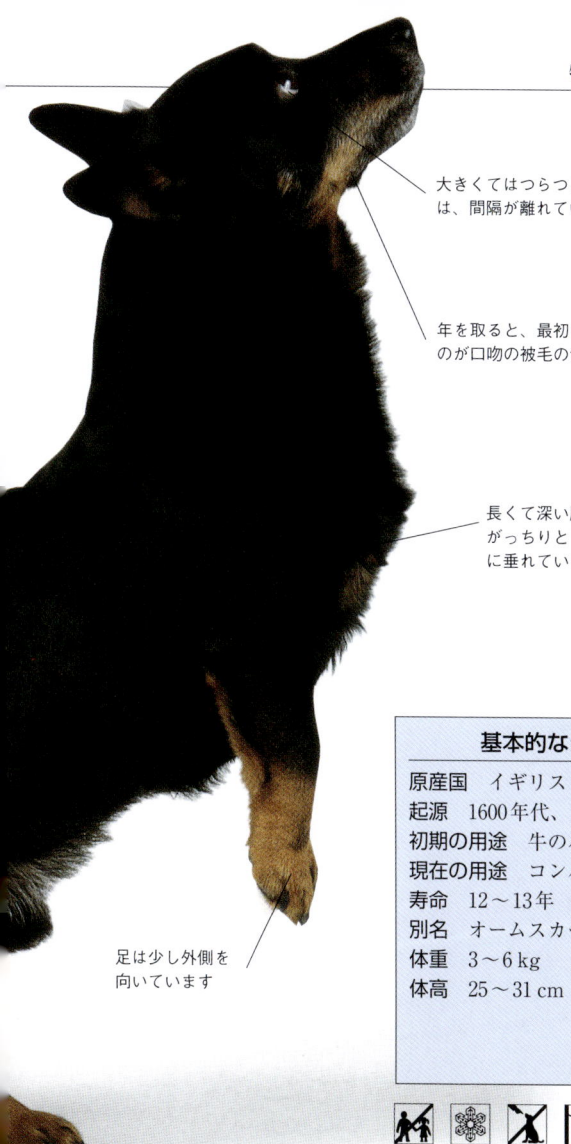

大きくてはつらつとした眼は、間隔が離れています

年を取ると、最初に変わるのが口吻の被毛の色です

長くて深い胸と、頑丈でがっちりとした背中の下に垂れている腹

足は少し外側を向いています

基本的なデータ

原産国　イギリス
起源　1600年代、1960年代
初期の用途　牛のハーディング
現在の用途　コンパニオン
寿命　12〜13年
別名　オームスカーク・ヒーラー
体重　3〜6 kg
体高　25〜31 cm

スウィーディッシュ・ヴァルハウンド

　この犬は、スウェーデンでは土着犬と定義されています。エネルギッシュでウェルシュ・コーギーに似た短い足を持つこのハーダーは、ヨーロッパ大陸部のバセットの子孫と考えられています。頑強でタフなヴァルハウンドは、熱心な作業犬で、ヒーラー特有の何物をも恐れない勇猛果敢さを備えています。多目的で有能な農場犬であるこの犬は、牧畜を護衛したり追ったり、財産を守ったり、ネズミ、リスを退治したりと、多種多様の仕事をこなします。犬の扱いに慣れた経験者にとっては重宝なコンパニオンになりますが、噛みつきやすい本能は依然として残っています。ヴァルハウンドは、多頭飼いをするとケンカをします。

長い首には、筋のよく発達した襟足があります

硬くて密生した中程度の長さのオーバーコートと、密生した柔らかいアンダーコート

基本的なデータ

原産国　スウェーデン
起源　中世
初期の用途　牛のハーディング、ガーディング、ネズミ捕り
現在の用途　コンパニオン、ハーディング、ガーディング、ネズミ捕り
寿命　12～14年
別名　スウィーディッシュ・キャトル・ドッグ、ヴァスゴータスペッツ、バルフンド
体重　11～15 kg
体高　30～34 cm

グレー

赤みがかったイエロー

赤みがかった褐色

グレーがかった褐色

犬種の歴史

容貌と性格はペンブローク・ウェルシュ・コーギーに非常によく似ています。家畜追い、番犬、ネズミ捕りなど多目的に使われるこの犬は、かつてウェールズ州、ペンブロークシャーに定住していたバイキングによって初めてスカンディナビアに連れてこられました。絶滅の危機に瀕しているところを、1940年代、スウェーデン人ブリーダー、フォン・ローゼンにより救済されました。

パワフルな脚には短くて卵形の趾と丸みを帯びたパッドがあります

オーストラリアン・キャトル・ドッグ

　今日ではもう死滅してしまいましたが、イギリスでは、家畜の肢に噛みつくブルー・ヒーラーという犬種が、船着場で羊や牛を船に追い込むのに使われていました。オーストラリアン・キャトル・ドッグは、ブルー・ヒーラーとは起源は全く異なりますが、船着場で使われたこの古い犬種に非常によく似ています。オーストラリア人の開拓者、トーマス・スミス・ホールは、ブルー・ヒーラーのような犬を必要としていました。19世紀のオーストラリアで市場まで家畜を誘導していくという大変苛酷な労働条件に十分に耐え得るような頑丈な犬です。ホールは、静かに腹ばいになって獲物に近づくというディンゴの能力を利用し、今日のキャトル・ドッグに非常に近い犬を開発しました。この犬種は、生まれつき注意深い性質を持っていますので、他の動物や人間に引き合わせる場合には、その発達段階の初期に行わなければなりません。

基本的なデータ

原産国　オーストラリア
起源　1800年代
初期の用途　牛のハーディング
現在の用途　牛のハーディング、
　　　　　　コンパニオン

寿命　12年
別名　ブルー・ヒーラー
　　　ホールズ・ヒーラー
　　　クィーンズランド・ヒーラー
体重　16〜20 kg
体高　43〜51 cm

タン

ブルー

牧畜犬と護衛犬　311

直立耳は、間隔が離れてついています

暗褐色で、非常に注意深い眼

深く、広い胸

幅広で丸みを帯びた足には、黒いパッドがあります

犬種の歴史

　60年にわたり交配を繰り返した結果、作出されたものです。この交配に使われた犬種には、ディンゴ、ブルー・マール・スムース・ハイランド・コリー、ダルメシアン、そしておそらくブル・テリアが含まれます。

オーストラリアン・シェパード

　アメリカ以外の地域ではほとんど見かけられないオーストラリアン・シェパードは、忠実で意志の強い性格とその容姿の素晴らしさから、今、人気が急騰しています。もともとは変化の激しいカリフォルニアの気候に適した使役犬として育てられていただけに、家庭での生活及び捜索、救助などの仕事にも素晴らしい適応性を見せています。気質はゴールデン・レトリーバーやラブラドール・レトリーバーによく似ています。愛情深く、遊びが大好きな犬ですが、元来の使役犬としての本能も兼ね備えています。サイズの縮小を目標にしているブリーダーたちもいますが、この犬種は緻密な設計のもとにつくられる"デザイナー"ドッグではありません。

基本的なデータ

原産国　アメリカ、オーストラリア
起源　1900年代
初期の用途　羊のハーディング
現在の用途　コンパニオン、羊の
　　　　　　ハーディング
寿命　12～13年
体重　16～32 kg
体高　46～58 cm

後脚は飾り毛で覆われています

牧畜犬と護衛犬　313

犬種の歴史

先祖はニュージーランド及びオーストラリアの牧羊犬ですが、1800年代にカリフォルニアで誕生しました。

鼻の色は褐色が圧倒的です

適度に長い体

適度に粗いオーバーコート

首と胸は柔らかい被毛で厚く覆われています

趾は頑丈で広く、足もとをしっかりと支えています

レッド

レバー

黒

ブルーマール

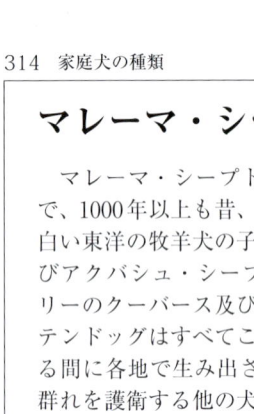

マレーマ・シープドッグ

　マレーマ・シープドッグは古くからいたヨーロッパの牧畜護衛犬で、1000年以上も昔、ヨーロッパ全土に徐々に広がっていった巨大な白い東洋の牧羊犬の子孫と考えられています。トルコのカラバシュ及びアクバシュ・シープドッグ、スロヴァキアのクーバック、ハンガリーのクーバース及びコモンドール、フランスのピレニアン・マウンテンドッグはすべてこの犬が源流で、マレーマがヨーロッパ中を旅する間に各地で生み出された犬たちです。現在のマレーマは進化して、群れを護衛する他の犬たちよりサイズは小さくなりましたが、祖先から受け継いだ独立心と悠々とした態度は今なお変わっていません。今日、この犬種はイギリスではよく見られるようになりましたが、イタリア以外の国ではほとんど見かけることはありません。頑固な性格で、服従訓練は容易ではありませんが、素晴らしい護衛犬になります。

先の尖った、小さめのV字形の耳

基本的なデータ

原産国　イタリア
起源　古代
初期の用途　牧畜群のガーディング
現在の用途　コンパニオン、警備
寿命　10〜12年
別名　マレーマ、パストーレ・アブルツェーゼ
　　　カーネ・ダ・パストーレ・マレマーノ・アブルツェーゼ
体重　30〜45 kg
体高　60〜73 cm

深く丸みを帯びた胸郭は、肘まで広がっています

犬種の歴史

今日見られるマレーマ・シープドッグは、短毛のマレマーノ・シープドッグと長いボディを持つアブルツェーゼ・マウンテン・ドッグの血統を引いています。

とても豊かで長く粗い被毛は、ややウェーブがかっています

つけ根の低い尾は飾り毛で厚く覆われています

アナトリアン・シェパード・ドッグ

　トルコの羊飼いたちは、犬を羊のハーディングではなく、羊を侵入者から守る護衛用として使っていました。これらの牧羊犬は一括して"ジョバン・コペギ"と呼ばれていましたが、1970年代に入って行われたブリーダーたちの調査により、地域によっていくつかの異なるタイプの犬が存在することが分かりました。ここで示す牧羊犬のタイプはトルコ中央で見られますが、トルコ東部の牧羊犬に大変よく似ています。アナトリアン・シェパード・ドッグは母国では依然として牧畜の群れをオオカミ、クマなどの襲撃から守る護衛犬として活躍しています。意志が強く、独立心が旺盛であるため、コンパニオンに最適な犬種とはいえませんが、人間や他の動物にうまく慣れさせれば、家庭環境にも順応することができます。

基本的なデータ

原産国　トルコ
起源　中世
初期の用途　羊のガーディング
現在の用途　羊のガーディング
寿命　10～11年
別名　ジョバン・コペギ
　　　カラバス
　　　アナトリアン・(カラバシュ)・
　　　ドッグカンガール・ドッグ
体重　41～64 kg
体高　71～81 cm

体表にぴったり寝た短くて密生したオーバーコートと、厚いアンダーコート

牧畜犬と護衛犬　317

さまざまな毛色

三角形の耳は警戒
したときにはピン
と立ちます

太くパワフルで、
たくましい首

長くてまっすぐな前脚は
間隔が開いています

強い趾には短
い爪とよくアー
チした指があ
ります

犬種の歴史

およそ1000年ほど前、チュルク語を使用する民族が小アジアに入り、現在トルコとなっている地域を占領しました。その時、一緒に連れてこられた、群れを護衛する大型の犬が、現在のアナトリアン・シェパード・ドッグの祖先です。

コモンドール

　何百年にもわたりハンガリーで羊や牛の護衛を続けてきたコモンドールは、その綱ひも状の被毛で風雨やオオカミから身を守ってきました。その素晴らしいガーディング能力は、今日、北アメリカでコヨーテの襲撃から羊を守るのに役立っています。子犬の時から羊の群れの中で育てられ、羊の被毛を刈り取る時に、この犬の被毛も一緒に刈り取ります。この犬種は従順なコンパニオンになりますが、綱ひも状の被毛が絡まないようにするために、毎日の手入れが欠かせません。

基本的なデータ

原産国　ハンガリー
起源　古代
初期の用途　羊のガーディング
現在の用途　家畜のガーディング、コンパニオン

寿命　12年
別名　ハンガリアン・シープドッグ
体重　36〜61 kg
体高　65〜90 cm

強くて重い綱ひも状の被毛は、フェルトのような感触です

牧畜犬と護衛犬　319

犬種の歴史

　ハンガリーの牧畜犬の中でも最も大型犬であるコモンドールは、1000年以上も昔、マジャール族が西の方からハンガリーに移住した時に、一緒に連れてこられたものと考えられています。コモンドールという名前が初めて出てきたのは1544年のことですが、今日の犬種として公認されたのは1910年頃です。

筋肉質の首とグレーの皮膚は被毛に覆われています

重々しくて、粗いオーバーコートの下には綿毛状で、柔らかいアンダーコートが密生しています

ハンガリアン・クーバース

　ハンガリーの歴史書によれば、15世紀にマシアス王一世がクーバースをイノシシの狩猟に使用していたとありますが、この犬は生まれながらの狩猟犬ではありません。クーバースは、根っからの護衛犬で、狩猟に駆り出されるよりは、むしろ牧畜の群れの中で過ごすのを好みます。この犬種の起源は、侵略軍や遊牧民によってヨーロッパに連れてこられた古代のアジアのシェパード・ドッグにさかのぼると思われます。クーバースは、自分のテリトリーを意欲的に守るたくましい犬で、有能な調教師に育てられるのがベストですが、従順なコンパニオンにもなり、通常は家族にとって頼もしい犬です。

耳はつけ根が高く、間隔が離れています

鼻は黒く、先が尖っています

犬種の歴史

　ある権威によれば、この大きくて真っ白な護衛犬は、1100年代にクマン族というトルコの遊牧民によってハンガリーに連れてこられたということです。

基本的なデータ

原産国　ハンガリー
起源　中世
初期の用途　牧畜のガーディング
現在の用途　コンパニオン、警護
寿命　11〜13年
別名　クーバース
体重　30〜52 kg
体高　66〜75 cm

被毛は粗く、ウェーブがかって硬い

後脚は筋肉質で、飛節は幅広で長い

後足は前足より長いが、非常に強い

ポーリッシュ・ローランド・シープドッグ

　犬の愛好家たちは、ポーリッシュ・ローランド・シープドッグは1000年以上前にヨーロッパに連れてこられた縄状毛を持つ古代アジアのハーディング・ドッグと、スコットランドのビアデッド・コリーやオランダのシャペンドーズなど最近になって開発されたシャギーなハーダーを結びつける重要なキー・ドッグであると考えています。この犬種は第二次世界大戦後、ポーランドの熱心なブリーダーたちによって復活した犬です。ポーランドをはじめ世界各地で人気の犬種で、主に家庭のコンパニオン犬として使われていますが、優秀なハーダーとしての能力もいまだ備え持っています。

長くて密生したシャギーな被毛が体全体を覆っています

基本的なデータ

原産国　ポーランド
起源　　1500年代
初期の用途　ハンティング
現在の用途　コンパニオン、ハーディング
寿命　　13〜14年
別名　　ポルスキー・オフチャレク・ニツィニー
体重　　14〜16 kg
体高　　41〜51 cm

犬種の歴史

　この中位の大きさの頑健なシープドッグは、ハンガリアの平原でハーディング・ドッグとして活躍していた縄状毛の古代犬を小さくして、長毛の山岳地帯のハーダーと交配してつくり出された犬と思われます。第二次世界大戦の荒廃の中で、ほぼ絶滅に近い状態になりました。

牧畜犬と護衛犬 323

前頭部、頬、顎には被毛が豊富です

平坦で非常に広い背

肋骨は適度に張っています

脚は密生した粗い被毛で覆われています

さまざまな毛色

ブリアード

このボサボサした犬は、第一次世界大戦後、アメリカ兵によってアメリカに紹介されましたが、確固たる地位を確立するまでには50年もかかりました。ブリーダーたちによって、この犬のシャイで神経質で攻撃的な性格に関する問題がとり上げられたのは、ほんの1970年代のことですが、今日、フランスでは最も人気のあるコンパニオンのひとつに挙げられています。選び方を間違えなければ、この犬は家族に対して非常に行儀も良く、それでいて、優れた護衛本能も備えています。また、優れたハーディング・ドッグにもなり、厚い被毛で悪天候から身を守ります。

犬種の歴史

ブリアードの起源はよく分かりませんが、かつては、ボースロンのゴート・ヘアード種の類に入れられていました。この犬種はバーベットとの交配によって開発されたものではないかと考えられています。ブリアードという名前は、ブリー州にちなんでつけられたものです。大変用心深く、フランス全土で羊飼いの護衛犬として使われてきました。

基本的なデータ

原産国　フランス
起源　中世、1800年代
初期の用途　牧畜のガーディング及びハーディング
現在の用途　コンパニオン、警護
寿命　11～13年
別名　ベルジェ・ド・ブリー
体重　33.5～34.5 kg
体高　57～69 cm

フォーン　　黒

牧畜犬と護衛犬 325

- 大きくて、温和な感じを与える眼
- 口吻は、丸みを帯びているというより、どちらかといえば四角形で、先には黒い鼻があります
- つけ根が高く短い耳は、豊富な長い毛に覆われています
- シャギーな顎髭が特徴
- 長く弾力性がありドライな被毛は、羊の被毛に似ています
- 幅広で深い胸

ボースロン

　意志が強く活動的なこの犬種は、しっかりとした操縦とかなりの量の運動を必要としますが、一生つき合える良きコンパニオンかつ防護犬になります。体つきは単純で、軽快かつパワフルなボディをしています。服従訓練では困難を要することもあり、他の成犬と初めて対面させる時には、きちんとした監視のもとに行わなければなりません。しかし、ブリアード同様、ボースロンはほとんど例外なく安全で責任感のある家族の一員となることができます。作業犬としての一面も持つこの犬種は、ヨーロッパのドッグ・ショーでも人気上昇中です。

粗く短く密で、体に密着した被毛

基本的なデータ

原産国　フランス
起源　中世
初期の用途　イノシシのハーディング、ガーディング、及びハンティング
現在の用途　コンパニオン
寿命　11～13年
別名　バー・ルージュ
　　　ボース・シェパード
　　　ベルジェ・ド・ボース
体重　30～39 kg
体高　64～71 cm

後足には二重の狼爪があります

牧畜犬と護衛犬　327

水平についた眼は、被毛によって色が異なります

長い頭と、平坦でわずかにドーム状になった頭蓋

黒／タン

黒

ハールクイン

長くてまっすぐな前脚には、丸みを帯びた足と黒い爪があります

犬種の歴史

　ブリー州原産のボースロンはブリアードの近縁で、これら2犬種とも後肢に二重の狼爪があります。マスティフとドーベルマンをかけ合わせたような外貌をしており、この犬種の骨格解剖図はフランス東部で発見された2000年前の骨とほとんど同じです。

ブービエ・デ・フランダース

　牛を追ったり、荷車を引いたりするのに使われていたこの頑丈な農場犬は、今日のスタンダードが制定された1965年までは、被毛や毛色が異なる実に多くのタイプが存在していました。第一次世界大戦中、フランス軍はブービエを医療班で使っていましたが、その数は戦後まもなく激減しました。そして、ほとんど忘れ去られていたこの犬は、ベルギーのケンネル・クラブの介入により救済されました。パワフルで普段は愛敬たっぷりの犬ですが、時として非常に攻撃的になることがあり、牧牛犬の血を引いていることを思い出させます。そのため、この犬は優れた護衛犬になります。母国はもちろんのこと、北アメリカでも人気は高く、コンパニオン及び農場犬として高く評価されています。

さまざまな毛色

短くて丸みを帯びたコンパクトな趾

牧畜犬と護衛犬 329

つけ根が高く非常に
小さな耳

短くて、幅が広く、
パワフルな背

オーバーコートは
感触が硬く、粗く
てドライで光沢は
ありません

ふわふわしたアンダー
コート

基本的なデータ

原産国　ベルギー、フランス
起源　1600年代
初期の用途　牛のハーディング
現在の用途　コンパニオン、ガー
　　　　　　ディング
寿命　11～12年
体重　27～40 kg
体高　58～69 cm

犬種の歴史

　現在ほぼ絶滅状態に近いブービエ・デ・アルデンヌを除き、かつてはさまざまなタイプが存在したベルギーのブービエ（牧牛犬）のただひとつの生き残りです。この犬種はグリフォンとオールド・タイプのボースロンを交配することによりつくり出されたものと思われます。

ベルガマスコ

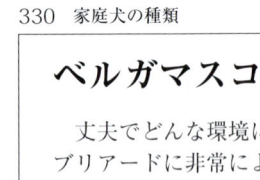

　丈夫でどんな環境にも順応するこの犬種は、容貌及び気質の面では、ブリアードに非常によく似ています。ブリアードは原産国フランスはもとより国外でもよく知られていますが、ベルガマスコは原産国内外において比較的知名度が低く、絶滅の危機に瀕することも度々ありました。とびきり優れた作業犬であり、独特の縄状毛は悪天候及び蹄を振り回す家畜たちから身を守るために発達したものです。愛情深く勇敢なベルガマスコは、優れたコンパニオンや護衛犬になりますが、都市での生活には向きません。

子犬の毛はまだモップ状にはなっていません

基本的なデータ

原産国	イタリア
起源	古代
初期の用途	牧畜のガーディング
現在の用途	コンパニオン、ガーディング
寿命	11～13年
別名	ベルガミーズ・シェパード カーネ・ダ・パストーレ・ベルガマスコ
体重	26～38 kg
体高	56～61 cm

ウサギに似た趾には、薄いパッドと黒い爪があります

牧畜犬と護衛犬　331

犬種の歴史

　2000年前の農業書に、理想的な牧羊犬について「猟犬のように敏捷である必要はなく、護衛犬のように強くなくてもよいが、オオカミを撃退し追跡できるほどの機敏さと勇敢さが必要である」と書かれています。今日見られるベルガマスコは、そのような要求を十分に満たせる犬です。

きめの細かい顔の被毛が、先細りの口吻を覆っています

柔らかくて長い被毛は、強くてウェーブがかったモップ状になります

ポーチュギース・シープ・ドッグ

　このおよそ100年間、ポーチュギース・シープドッグはポルトガル南部の貧しい羊飼いたちと生活を共にしてきましたが、1970年代には絶滅寸前でした。幸いにも、被毛の美しさと柔順な性格がブリーダーたちに注目されるようになり、今日では、ポルトガルの中流階級の犬のオーナーたちの支持を得て、生き残りは確実なものとなりました。ポーチュギース・シープドッグは素晴らしい犬で、服従訓練も非常に容易、子供たちとも他の犬とも親しくなり、怒らせない限り、噛んだりはしません。ポルトガル国外ではよく知られていませんが、この犬は非常に歴史の古い犬種で、もっと多くの国際的な称賛を得るに値する犬です。

基本的なデータ

原産国　ポルトガル
起源　1800年代
初期の用途　牧畜のハーディング
現在の用途　コンパニオン、ハーディング
寿命　12〜13年
別名　カオ・ダ・セラ・デ・アイレス
体重　12〜18 kg
体高　41〜56 cm

牧畜犬と護衛犬　333

イエロー
フォーン
グレー
褐色
黒

犬種の歴史

　ポルトガル南部の平原から生まれ、ハーディング、牧畜追い、ガーディングなど多目的に使われるこの毛むくじゃらの犬は、カストロ・ギマラエス伯爵によって輸入され、後に土着のマウンテンドッグあるいはカタロニアン・シープドッグと交配させられたブリアードの子孫と思われます。

適度な大きさの耳は頬の横に垂れています

暗色の眼

前脚は長い被毛で覆われています

エストレラ・マウンテンドッグ

　このマスティフは、ポルトガルのエストレラ山脈で何百年にもわたり羊飼いに同伴し、牧畜の群れのハーディングをしたり群れをオオカミから守る仕事をしてきました。特にロングヘアード種の密生した二重毛は、寒冷な気候から身を守るのに役立ちます。今日では、使役犬として使われる一方、温和な性質で、もともと優先種であるため、コンパニオンとしても飼われています。ポルトガル国外ではイギリスで公認されており、イギリスのドッグ・ショーではよく見かける犬種です。尻部に形成異常が出ることがありますが、一般的には健康な犬で、しっかりしたハンドリングを必要とします。

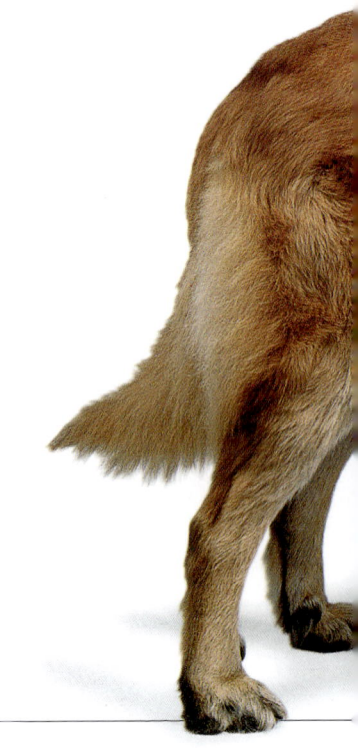

基本的なデータ

原産国　ポルトガル
起源　中世
初期の用途　牧畜のガーディング
現在の用途　コンパニオン、牧畜犬
寿命　10〜12年
別名　カオ・ダ・セラ・ダ・エストレラ
　　　ポーチュギース・シープドッグ
体重　30〜50 kg
体高　62〜72 cm

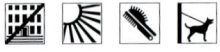

牧畜犬と護衛犬　335

犬種の歴史

　ポルトガル原産の犬種の中で最も人気の高いこの犬種は、イベリア半島では最も歴史の古い犬のひとつです。西に連れてこられた古代のアジア・マスティフを祖先に持ち、スパニッシュ・マスティフの血も引いています。今世紀の初め頃、ジャーマン・シェパードとの非正統的な交配によりダメージを受けましたが、今日では、純粋な体形に戻っています。

楕円形で中程度の大きさの眼は水平についています

豊かなオーバーコートは、同じく豊かなアンダーコートよりも濃い色をしています

骨太で太い前肢

フォーン

レッド・ブリンドル

ブラック・ブリンドル

ピレニアン・マウンテンドッグ

　ピレニアンが初めて家庭のペット犬として飼われるようになった頃は、まだかなり頑固で戦闘犬のような性格をしていました。この20年間、ブリーダーたちは努力を重ね、ピレニアンの持つこのような性質を低減し、忍耐力、高貴さ、勇敢さなど他の魅力的な性質はそのまま維持することに成功しました。しかし、自分のテリトリーが侵された時には防御本能を発揮するでしょう。20世紀の初め頃には絶滅寸前の状態でしたが、今日、イギリス、北アメリカ、そして特にフランスで定着した犬種です。サイズが大きいので、近くにオープン・スペースがない限り、都会での生活には向きません。

基本的なデータ

原産国　　フランス
起源　　　古代
初期の用途　羊のガーディング
現在の用途　コンパニオン、ガーディング
寿命　　　9〜11年
別名　　　グレート・ピレニーズ
　　　　　シェン・ド・モンターニュ・デ・ピレネー
体重　　　45〜60 kg
体高　　　65〜81 cm

小さめでコンパクトな趾

牧畜犬と護衛犬　337

小さくて三角形の耳は眼の高さについており、頭にもたれています

小さくて傾斜した琥珀色の眼は、落ち着いた表情をしています

前肢の被毛は、綿毛状の飾り毛でキュロットをなしています

犬種の歴史

　ヨーロッパ全土に普及している大きくて白い護衛犬マスティフのひとつで、イタリアのマレーマ、ハンガリーのクーバース、スロヴァキアのクーバック、及びトルコのカラバシュの血統を引いていると考えられています。

ピレニアン・シープドッグ

　ピレニアン・シープドッグは大変元気の良い犬で、スピードと忍耐力、そして活発さが自慢です。被毛のタイプが3種類あることから、この犬種はドッグ・ショーの規定を満足させるためだけではなく、特殊な気候の下で働くために繁殖されてきたということがよく分かります。故郷である山岳地帯では、かつてはピレニアン・マウンテンドッグとペアを組んで働いていました。マウンテンドッグが牧畜の群れをオオカミから守り、この犬がハーディング及び群れを追う役目を担っていました。ロング・ヘアードの被毛は厳しい冬の寒さなど悪天候から身を守るのに大変役立ちます。比較的小さなサイズで、また訓練能力にも優れていることから、家庭の良いコンパニオンになります。

基本的なデータ

原産国　フランス
起源　1700年代
初期の用途　羊のハーディング及びガーディング
現在の用途　コンパニオン、ハーディング、ガーディング
寿命　12〜13年
別名　ラブリット
　　　ベルジェ・デ・ピレネー
体重　8〜15 kg
体高　38〜56 cm

犬種の歴史

　カタロニア・シープドッグの親戚であるこの痩せた小さなピレニアンは、ロングヘアード、ゴートヘアード、スムースヘアードと3つの被毛のタイプがあります。機敏でタフなピレニアンは、ピレネー山地のルルドとガヴァルニの町に挟まれた地域で生まれ、山岳地帯の羊飼いには無くてはならない存在です。

牧畜犬と護衛犬 339

黒い眼縁で囲まれた表情豊かな褐色の眼

頭と頬に生えている長い被毛

顔の被毛は短く、きめが細やかです

フォーン

グレー

レッド・ブリンドル

ブルー

ブラック・ブリンドル

バーニーズ・マウンテンドッグ

　ヨーロッパや北アメリカで人気急上昇の犬種です。1930年代に、多くのブリーダーたちがサイズや護衛能力を高めようと交配を重ねたため、血統によってはその性格に信頼性がなく、突然攻撃性を現わすことがあります。また、小さな遺伝子プールから繁殖したため、肩に障害を生ずるなどの問題も生まれました。家畜のハーディングや荷車を引くトレーニングを受けた使役犬であるバーニーズは、忠誠心もよく体得し、ショー・ドッグとしても優れています。非常に情愛深いジャイアント犬ですが、調教師に育てられるのがベストです。

基本的なデータ

原産国　スイス
期限　古代、1900年代
初期の用途　荷車引き
現在の用途　コンパニオン
寿命　8～10年
別名　ベルナー・ゼネンフント
　　　バーニーズ・キャトルドッグ
体重　40～44 kg
体高　58～70 cm

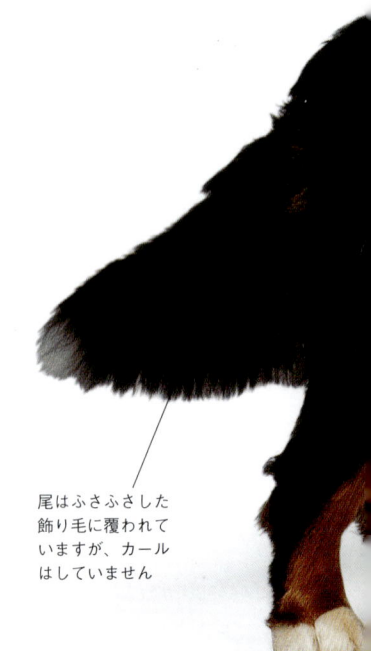

尾はふさふさした飾り毛に覆われていますが、カールはしていません

犬種の歴史

　古い歴史を持つ犬種で、1800年代の終わり頃、フランツ・シェルテンライプというブリーダーがスイスのマウンテンドッグの歴史を調べている時に、ベルン地方に何頭かいるのを発見しましたが、その時には絶滅寸前でした。この犬種が現在の名前を与えられたのは1908年です。

長い口吻と中程度の鼻

胸、鼻柱、足、尾の先は白色です

光沢のある黒い被毛は豊富で、長く滑らかです

頑丈な前脚

グレート・スイス・マウンテンドッグ

バーニーズを除けば、スイスのマウンテンドッグの中では最も大きく、歴史も古い犬です。何百年にもわたり、村や農場で荷物引き犬として高い人気を誇ってきた犬で、牛乳を運ぶ荷車を市場まで引いたり、牧畜追い作業で屠殺業者を助けたりしてきました。フランツ・シェルテンライプが、人里離れた農場に一頭だけいたこの犬をアルバート・ハイムに見せると、ハイムはスイスの犬愛好家たちに、他の同じような農場にもこの犬がまだいるかもしれないから、捜してくれるように依頼しました。そして、十分な数の犬が見つかり、この犬種の復活に成功したのです。グレート・スイス・マウンテンドッグは、人間には優しいのですが、時として、他の犬とトラブルを起こすことがあります。

基本的なデータ

原産国　スイス
起源　　古代、1900年代
初期の用途　荷車引き
現在の用途　コンパニオン
寿命　　10〜11年
別名　　グロッサー・シュワイツァー・
　　　　ゼネンフントグレート・
　　　　スイス・キャトルドッグ
体重　　59〜61 kg
体高　　60〜72 cm

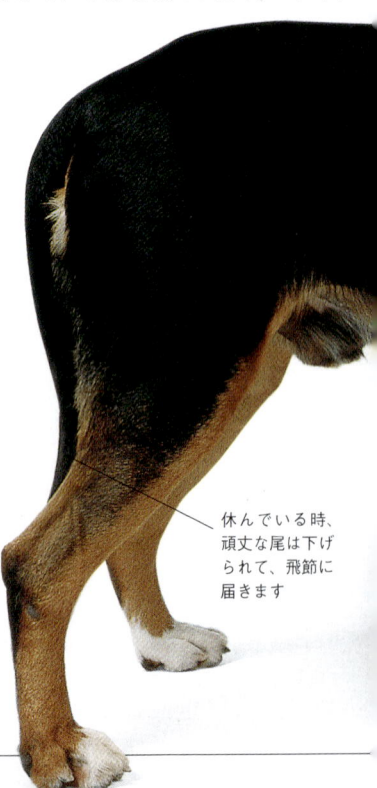

休んでいる時、頑丈な尾は下げられて、飛節に届きます

牧畜犬と護衛犬　343

頑丈な頭には、口吻に向けて、細く中くらいの縦溝があります

眼の回りには、眼瞼がぴったりフィットしています

硬いオーバーコートで豊かなアンダーコートを覆っています

喉頭のあたりの皮膚には襞があります

短くて丸みを帯びた趾とアーチした指

犬種の歴史

　ローマのマスティフの子孫であると思われるこの犬は、今世紀初期に、フランツ・シェルテンライブによって"発見"された犬です。シェルテンライブにこの犬を見せられたアルバート・ハイムは、この犬種は既に絶滅したと思っていたそうです。アッペンツェラーに非常によく似ており、現在の名前で犬種として公認されたのは1910年のことです。

セント・バーナード

　セント・バーナードが雪深いアルプス山中で遭難した旅行者を実際に救助したことがあるかどうかは分かりませんが、セント・バーナードと聞けば、多くの人は遭難者を救助する姿を思い浮かべます。スイスのサン・ベルナール僧院は1660年代からこの心優しい犬を飼っています。修道士たちはこの犬を荷車引きとして使い、買ってくれそうな見込みのある客に対してはこの犬の牽引能力を自慢しました。この犬はまた新雪の中での競技にも利用されました。今日見られる優しくてのっそりとした犬は、筋肉たくましく、驚くほど大きな犬です。その巨大なサイズゆえ、家の中で飼うのには適しません。

基本的なデータ

原産国　スイス
起源　中世
初期の用途　牽引、コンパニオン
現在の用途　コンパニオン
寿命　9〜11年
別名　アルパイン・マスティフ
体重　50〜91 kg
体高　61〜71 cm

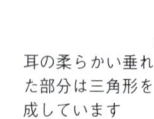

下顎の垂唇はほんのわずか垂れています

耳の柔らかい垂れた部分は三角形を成しています

オーバーコート、アンダーコートは密生しています

345

犬種の歴史

セント・バーナードは、ローマ軍がアルプスを越えた時に初めてスイスに連れてこられたアルプスのマスティフの子孫です。かつては攻撃的で短毛の犬でした。一時絶滅の危機にありましたが、ニューファンドランドとグレート・デーンを交配することにより復活しました。セント・バーナードという名前が一般に使われ始めたのは1865年です。

暗褐色で友好的な眼は、しっかりと前を向いています

幅が広くてパワフルな尾は先が少しカールしています

オレンジ

レッド・ブリンドル

ブラウン・ブリンドル

レオンベルガー

　この温和なジャイアント犬は、第二次世界大戦中はほぼ絶滅状態にありました。しかし、この25年間で母国ドイツを始め、イギリス、北アメリカでも高く評価されるようになりました。レオンベルガーが初めてショーに出陳された時には、何種類かの犬を交雑した単なる雑種であると簡単に片づけられてしまいました。確かにその通りです。しかし、この犬は非常にハンサムな犬で、泳ぎの達人であり、どんなに寒い気候の中でも喜んで泳ぎます。サイズが大きいため都会での生活には向きません。"再生"された犬種の多くに共通していえることですが、ブリーダーにとっては尻部の形成異常が気になるところです。

基本的なデータ

原産国　ドイツ
起源　1800年代
初期の用途　コンパニオン
現在の用途　コンパニオン
寿命　9～11年
体重　34～50 kg
体高　65～80 cm

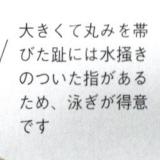

大きくて丸みを帯びた趾には水掻きのついた指があるため、泳ぎが得意です

牧畜犬と護衛犬 347

イエロー・
ゴールド

赤みがかった
褐色

褐色の眼は親しみのある
表情をしています

耳は長さと幅が
ほぼ同じです

滑らかで豊かな
被毛はわずかに
ウェーブがかっ
ていますが、体
形を不明瞭にす
るほどではあり
ません

前脚は間隔が
かなり広く、
関節はよく接
合しています

犬種の歴史

　市会議員エイン
リッヒ・エッスィは、ド
イツのレオンベルグ市の
公会堂にあるドイツ帝国の
騎士の外套の紋章に描かれて
いるライオンに似た犬をつく
りたいと考えました。そして、
ランドシーア、ニューファンド
ランド、セント・バーナード、
ピレニアン・マウンテンドッ
グを交配して作出したのがこ
の最高品質の犬です。

ニューファンドランド

　最も友好的な犬種のひとつであるニューファンドランドは、最初はタラ漁に使われており、網を岸まで引いたり船を引いたりして漁師を助けていました。今日、フランスでは多くのニューファンドランドが海難救助の補助犬として使われています。陸上試験では、荷車を引いたり後押しをしたりする牽引能力と障害物コースの走行能力が試されます。この優しくてハッピーな犬の欠点を挙げるとすれば、それは望む、望まざるに関わらず水の中にいる人間は誰でも救助してしまうことです。多少よだれを垂らす習性がありますが、ニューファンドランドは情の厚いジャイアント犬で忠実な友達になります。左上に示した色だけでなく、グレーの毛色のニューファンドランドもよく作出されます。

ぴったりと寝て密生した、粗く油っぽいオーバーコート

非常に太い尾は被毛で厚く覆われています

趾は大きく整った形をしており、指には幅広の水掻きがあります

牧畜犬と護衛犬 349

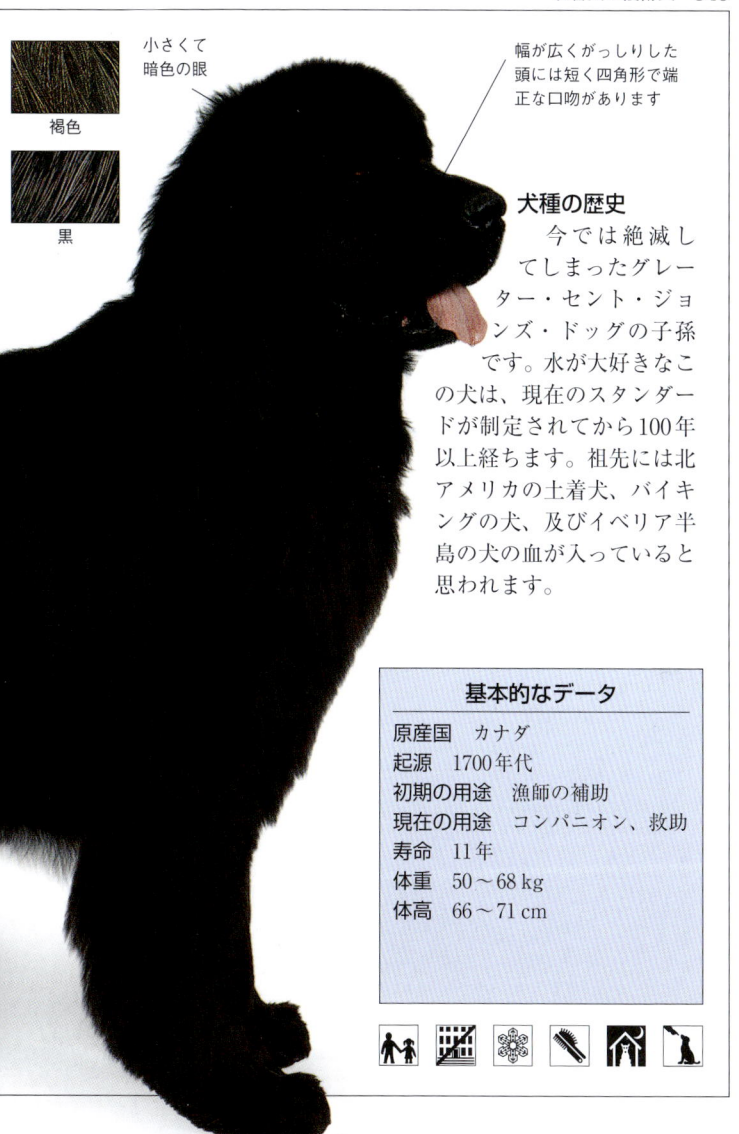

褐色

黒

小さくて
暗色の眼

幅が広くがっしりした
頭には短く四角形で端
正な口吻があります

犬種の歴史

　今では絶滅してしまったグレーター・セント・ジョンズ・ドッグの子孫です。水が大好きなこの犬は、現在のスタンダードが制定されてから100年以上経ちます。祖先には北アメリカの土着犬、バイキングの犬、及びイベリア半島の犬の血が入っていると思われます。

基本的なデータ	
原産国	カナダ
起源	1700年代
初期の用途	漁師の補助
現在の用途	コンパニオン、救助
寿命	11年
体重	50〜68 kg
体高	66〜71 cm

ホフヴァルト

　100年前、ドイツでは犬の繁殖が熱心に行われました。ホフヴァルトは、その繁殖の結果生み出された典型的な一例です。中世に活躍した地所を守る巨大犬の再興を計画した熱心なブリーダーたちは、ドイツのシュヴァルツヴァルト地方（黒い森と呼ばれる森林地帯）及びハルツ山地に生息する農場犬の中から選りすぐった犬や、おそらくハンガリアン・クーバース、ジャーマン・シェパード、ニューファンドランドなどを使い、このエレガントな作業犬をつくり出すことに成功しました。犬種として初めて公認されたのは1936年のことです。ホフヴァルトは他人に対しては人見知りをしますが、楽しい家庭犬です。中には、噛みつくことを恐がったり、憶病な性格を持つ犬もいます。しかし、服従訓練は容易で、他の犬や子供たちとも仲よくなれます。

まっすぐで強くてふさ毛で覆われた前脚には、適度な大きさの足があります

牧畜犬と護衛犬　351

犬種の歴史

地所の番犬である"ホフヴァルト"が初めて現れたのは、アイケー・フォン・レプゴーヴの「ザックセンの鑑」という本の中です。また、1400年代に書かれた記録では、この犬が盗賊を追跡する様子が描かれています。今日見られるホフヴァルトはこの古代の護衛犬を20世紀になって再生したものです。

基本的なデータ

原産国	ドイツ
起源	中世、1900年代
初期の用途	牧畜や家のガーディング
現在の用途	コンパニオン、ガーディング
寿命	12～13年
体重	25～41 kg
体高	58～70 cm

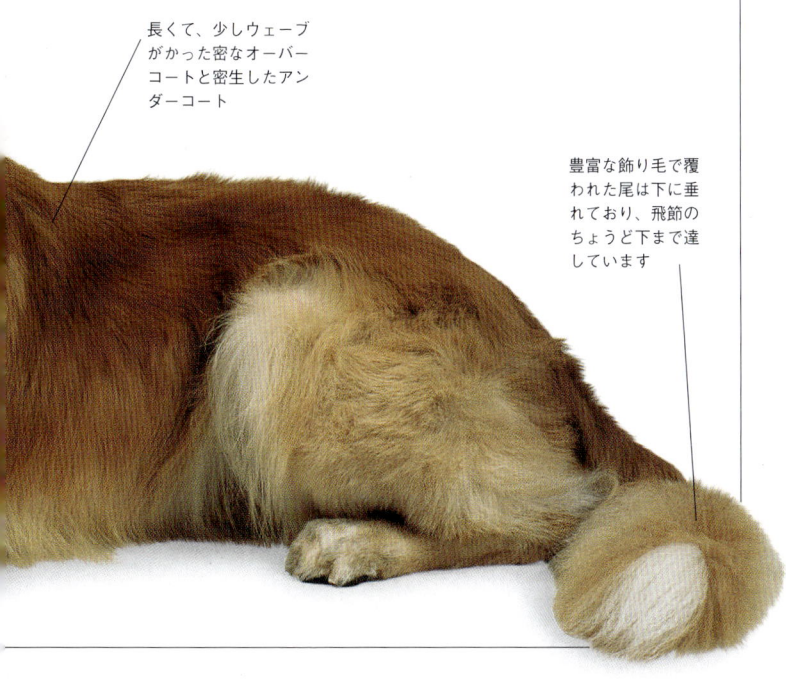

長くて、少しウェーブがかった密なオーバーコートと密生したアンダーコート

豊富な飾り毛で覆われた尾は下に垂れており、飛節のちょうど下まで達しています

ロットワイラー

　パワフルなボディと顎を持つロットワイラーは優れた防護能力を持った犬です。古代にはイノシシ猟で活躍した犬の子孫であるこの素晴らしくハンサムな犬は、今日では、家庭犬及び護衛犬として世界の各地で人気を集めています。服従訓練は容易ですが、感情を表に出しやすい性質を持っています。しかし、特にスカンジナビアのブリーダーたちによってこの性質は低減されました。

基本的なデータ

原産国　ドイツ
起源　1820年代
初期の用途　牧牛犬、護衛犬
現在の用途　コンパニオン、警察犬、ガーディング
寿命　11～12年
体重　41～50 kg
体高　58～69 cm

尾はファッションのために断尾されています

大腿の下部は引き締まっています

後脚は前脚よりも長い

犬種の歴史

　1800年代にドイツ南部のロットワイラーで家畜を追ったり護衛したりする犬として飼育されていました。

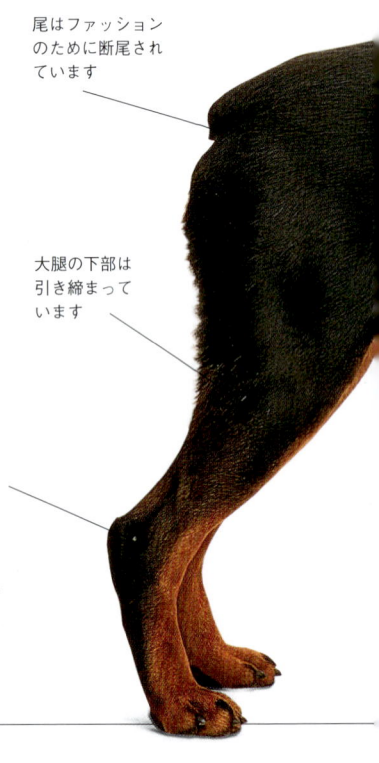

牧畜犬と護衛犬 353

つけ根が高く間隔が離れている耳は、頭の大きさに見合って比較的小さめです

わずかにアーチした首は強くて丸みを帯び、筋肉がよく発達しています

粗くぴったりと寝たオーバーコート

骨量の豊かな脚

ドーベルマン

　エレガントでよく感情を表わすドーベルマンは、ちょうど100年前頃にドイツで実施された地道な交配計画が実を結んだ古典的な犬種です。今日、この従順で機敏で才能あふれる犬種は、世界中でコンパニオンや軍用犬になっています。無節操な交配を繰り返した結果、神経質で、恐れを噛むことで表現する個体も生じました。良いブリーダーは、斡旋する個体が臆病でもなく癖も悪くないことを保証し、新しい飼い主に引き渡す前にしつけを完全に済ませておくものです。この種は残念ながら心臓疾患を起こしやすく、それがますます深刻な問題になっています。

基本的なデータ

原産国　ドイツ
起源　1800年代
初期の用途　番犬
現在の用途　コンパニオン、警備
寿命　12年
別名　ドーベルマン・ピンシャー
体重　30〜40 kg
体高　65〜69 cm

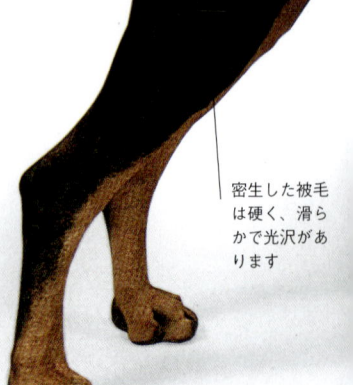

密生した被毛は硬く、滑らかで光沢があります

犬種の歴史

1870年代より、ドイツの収税吏ルーイス・ドーベルマンが、ロットワイラー、ジャーマン・ピンシャー、ワイマラナー、イングリッシュ・グレイハウンド、及びマンチェスター・テリアを用いてつくり出しました。

首はほっそりしていますが筋肉質です。頭を高く掲げた姿は威厳があります

均整のとれた胸は十分な広さと深さがあります

フォーン

ブルー

褐色

黒

ネコ型の小さい趾は完全なアーチ型で、力強い足どりで歩むことができます

シュナウザー

　用心深い護衛犬であるシュナウザーは、オリジナルの犬種で、ミニチュア・シュナウザー及びジャイアント・シュナウザーはこの犬種から発展していったものです。レンブラントやドイツ人画家、アルブレクト・デューラーは、その作品の中にこの体形の犬を描いています。この歴史の古い犬種は、スピッツと護衛犬の交配によって作出されたものと思われます。今日では、コンパニオンとして飼われることが多くなっていますが、優秀な牧畜犬としても使われています。服従訓練も覚えが早く、トレーニングにより、陸や水中に落ちた獲物の回収犬として使うこともできます。

基本的なデータ

原産国　ドイツ
起源　中世
初期の用途　ネズミの狩猟、ガーディング
現在の用途　コンパニオン
寿命　12〜14年
別名　ミッテルシュナウザー
体重　14.5〜15.5 kg
体高　45〜50 cm

ペッパー／ソルト　　黒

強くて粗い密生したオーバーコートを、より密生したアンダーコートが支えています

牧畜犬と護衛犬 357

犬種の歴史

かつては、護衛犬としてだけではなくネズミの猟犬としても活躍していたこの犬種は、よくテリアの部類に入れられます。ドイツ南部及びスイス、フランスの隣接地域で原産されたシュナウザーは、かつては、シュナウザー・ピンシャーと呼ばれていました。

長くがっちりした頭は、耳から鼻先にかけて細くなっています

耳は少し直立した後、両側に優美に垂れています

口吻と顎の被毛が長いのが特徴で、愉快な印象を与えます

前胸は広くなっています

ジャイアント・シュナウザー

　ジャイアント・シュナウザーは、かつて、ドイツ南部でハーディング用途にごく一般に使われていました。しかし、窮乏の時期、多量の食餌を必要としたため人気は衰えていきました。そして、19世紀後半、屠殺業者の家畜追い犬及び護衛犬として再び人気を得ました。頑丈で活力に満ちた犬ですが、肩と臀部が関節炎を起こしやすくなっています。過度の運動は必要としないので、都市生活に向きますが、自分のテリトリーが犯されそうになると相当な力を発揮してテリトリーを守る性質を持っています。

頑丈で力強い前脚は、それほどくっついていません

ペッパー／ソルト

黒

牧畜犬と護衛犬　359

基本的なデータ

原産国　ドイツ
起源　中世
初期の用途　牛のハーディング
現在の用途　コンパニオン、使役犬
寿命　11〜12年
別名　リーゼンシュナウザー
体重　32〜35 kg
体高　59〜70 cm

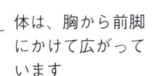

長く粗い髭

体は、胸から前脚にかけて広がっています

力強く、筋肉質な大腿

犬種の歴史

　ジャーマン・シュナウザーの中で最もパワフルで頼もしいジャイアント・シュナウザーは、スタンダード・シュナウザーを改良してサイズを大きくしたものです。1909年にミュンヘンで初めてショーに出場した時には、ロシアン・ベアー・シュナウザーと呼ばれていました。

マスティフ

　マスティフはその長い歴史の中で、ブルマスティフなど数多くの犬種の開発に貢献してきました。1590年のイギリスの法廷文書には、「マスティな子犬」の記録があります。これより、「マスティフ」という名前は、アングロサクソン語で「パワフル」を意味する「マスティ」という言葉からきたと考えられています。今日、マスティフは原産国でさえ滅多に見かけることはありません。世界で最も大きな犬のひとつであり、飼うのに広いスペースを必要とし食餌も大量に必要です。穏やかな犬種ですが、飼い主に対しては絶大なる保護能力を発揮します。並外れてパワフルでコントロールが困難になることもありますので、注意が必要です。

基本的なデータ

原産国　イギリス
起源　古代
初期の用途　ガーディング
現在の用途　コンパニオン、ガーディング
寿命　9～11年
別名　イングリッシュ・マスティフ
体重　79～86 kg
体高　70～76 cm

前脚はまっすぐで骨量が多く、両脚の間隔が離れています

大きくて丸みを帯びた趾には、よくアーチした指と黒い爪があります

牧畜犬と護衛犬　361

犬種の歴史

マスティフは2000年前イギリスに生息していた犬で、軍用犬及び闘犬としてローマに輸出されました。この犬は地中海商人やフェニキア商人、あるいは他の商人を介して、遠くアジアからウラル山脈、北ヨーロッパを通ってイギリスに渡ったと考えられています。

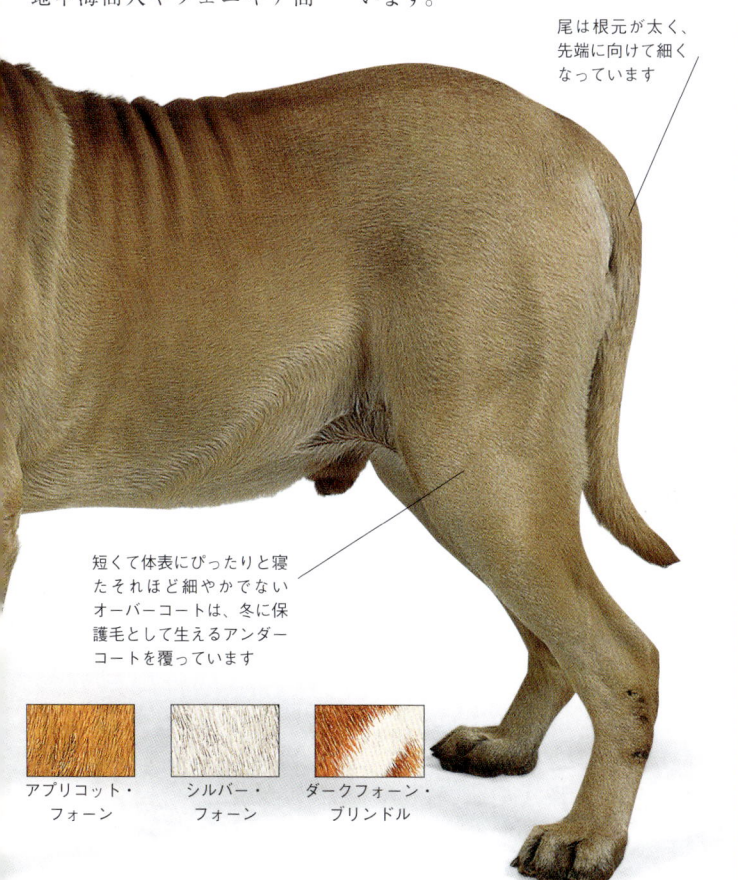

尾は根元が太く、先端に向けて細くなっています

短くて体表にぴったりと寝たそれほど細やかでないオーバーコートは、冬に保護毛として生えるアンダーコートを覆っています

アプリコット・フォーン

シルバー・フォーン

ダークフォーン・ブリンドル

ドグ・ド・ボルドー

　この歴史の古いフレンチ・マスティフは、古代のイングリッシュ・マスティフよりも、最近になって開発されたブルマスティフによく似ています。最初はフランス南部でイノシシやクマのハンティングに使われていましたが、後になって牛を追うのに使われるようになりました。恐れ知らずの性格から、アニマル・バイティングやドッグ・ファイティングのリングで闘うこともありました。フランス国外で初めてこの犬の存在が知られたのは、1989年のアメリカ映画にトム・ハンクスと共演してからです。映画「ターナー＆フーチ」に出てくるような間抜けな人気犬とは違い、本当のドグ・ド・ボルドーは冷酷なまでの強さ、見知らぬものに対する警戒心、未知の人間を脅すという、ものすごい性質を持つ犬種です。

つけ根が深く太い尾には、飾り毛はありません

基本的なデータ

原産国	フランス
起源	古代
初期の用途	ガーディング、ゲーム・ハンティング
現在の用途	コンパニオン、ガーディング
寿命	9〜11年
別名	フレンチ・マスティフ
体重	36〜45 kg
体高	58〜69 cm

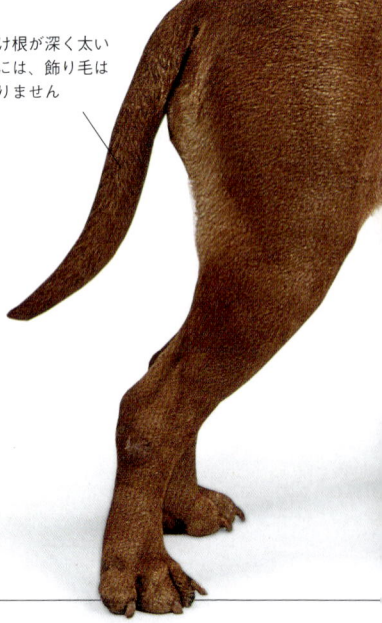

牧畜犬と護衛犬　363

犬種の歴史

　フランスのボルドー地方は何世紀にもわたりイギリスの王の統治下にありました。従って、パワフルでかつてはどう猛な性質を持っていたこのマスティフは、ボルドー地方の犬とイングリッシュ・マスティフ及びスペインからやってきた同類の犬とを交雑して生まれたものと考えてほぼ間違いないでしょう。

ゴールデン・フォーン

濃い赤褐色

卵形の眼は間隔が離れており、上部のうねが鮮明です

大きな頭には皺で縦溝ができ、ケンカ好きな印象を与えます

ナポリタン・マスティフ

　ローマの作家コルメラーは家の最高の番犬であるこの犬のことについて述べていますが、この皮膚の垂れ下がった犬はまさにコルメラーの描写そのままの犬といえるでしょう。ナポリタン・マスティフは50年ほど前、その存在が忘れ去られようとしているところを熱心なブリーダー、ピエロ・スキャンツィアーニによって救われました。この犬は、早い時期に他の動物や人間に慣れさせることが必要です。服従訓練も早期に行わなければなりません。また、雄犬は支配的な性格を持っています。頻繁に運動をさせる必要はありませんが、食べる時のマナーが汚くサイズも大きいので、家の中で飼うのには向きません。この犬種は犬の扱いによく慣れた人が扱うのがベストです。

基本的なデータ

原産国　イタリア
起源　古代
初期の用途　牧畜のガーディング、ドッグ・ファイティング
現在の用途　コンパニオン、警備
寿命　9～11年
別名　マスチノ・ナポリターノ
体重　50～68 kg
体高　65～75 cm

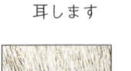

ファッションのために、手術によって断耳します

グレー
褐色
レッド・ブリンドル
ブラック・ブリンドル
ブルー
黒

365

犬種の歴史

　この犬は、太古からイタリア中央部のカンパニア州に生息していました。ドッグショーに登場したのは1947年のことです。祖先はローマの闘犬、軍用犬、及びサーカス犬マスティフだと考えられています。これらのマスティフはアレクサンダー大王によってアジアからギリシャを経由、ローマに伝わりました。

厚くて硬く、重々しい上唇

ボディは、密できめが細かく短い滑らかな被毛で覆われています

深い胸は、非常によく発達した筋肉で覆われています

大腿の筋肉は長くて広い

チベタン・マスティフ

　チベタン・マスティフはかつてはヒマラヤ地方やチベットで家畜を守っていましたが、現在ではヨーロッパ育ちのショー・ドッグとして活躍しています。いまだにあまり見かけない犬種ですが、ヨーロッパ全土に定着しています。骨量が豊富で頭の大きいこのたくましい犬は、ヨーロッパ、アメリカ大陸、及び日本のマウンテンドッグ、牧畜犬、闘犬の源流をなしています。温和で気さくなチベタン・マスティフは生命を守ることに生きがいを感じ、自分の家やテリトリーと感じるものは全力で守ります。

犬種の歴史

　19世紀にイギリスのブリーダーたちによって絶滅の危機から救われたチベタン・マスティフは、ヨーロッパのほとんどのマスティフの親犬です。最初は牧畜の群れや家を守るのに使われていた犬で、その勇敢さと人目を引く大きなサイズが高く評価されました。

牧畜犬と護衛犬 367

幅の広いがっしりとした
頭と滑らかな顔

基本的なデータ

原産国　チベット
起源　古代
初期の用途　牧畜のガーディング
現在の用途　コンパニオン、ガーディング
寿命　11年
別名　ド＝キュイ
体重　64〜82 kg
体高　61〜71 cm

グレー　ゴールド

黒　褐色

黒／タン

骨太の脚

長くてまっすぐなオーバーコートと、厚く密生したアンダーコート

ブルドッグ

　ブルドッグほどその形態、機能、性格が大きく変えられた犬はほとんどいません。「ブルドッグ」という言葉は、1600年代には、ベア・バイティングに使われる護衛犬マスティフとゲーム・ハンティングに使われる頑強なテリアを交配してつくった犬という意味に使われていました。強くて頑固なブルドッグはまさに理想的な闘犬で、ケガを負ってもものともせず冷酷にブルに襲いかかっていきました。今日見られる温和なブルドッグはドッグ・ショーのためだけにつくられたもので、多くの健康上の問題が生じています。陽気で楽しい性格を持つ忠実なコンパニオンであるだけに、健康上のトラブルが生じるのは非常に残念なことです。

基本的なデータ

原産国　イギリス
起源　1800年代
初期の用途　ブル・バイティング
現在の用途　コンパニオン
寿命　7～9年
別名　イングリッシュ・ブルドッグ
体重　23～25kg
体高　31～36cm

犬種の歴史

　1830年代にイギリスでブル・バイティングが禁止されたのを境に、この恐ろしいほどに頑強な犬種は絶滅寸前になりました。しかし、ブリーダー、ビル・ジョージによって攻撃的な性質がとり除かれ、今日の形態に改良されました。

369

眼と鼻は非常に接近しています

上唇は、下顎の上に重々しく垂れ下がっています

太くて筋肉質な前脚は間隔が広く離れています

さまざまな毛色

厚い皮膚で覆われた足はやや外側を向いています

ブル・マスティフ

　その名前からして、ブル・マスティフは世界中で最も人気の高い護衛犬のひとつといってもよいでしょう。この犬の持つスピード、強さ、忍耐力は、侵入者を傷つけたり殺したりする事なく、追跡し捕まえることができるように開発されました。優れた容貌とパワーを誇るこの犬種は世界の全大陸に普及しました。しかし、この犬種のドイツ版ともいえるロットワイラーほど人気を得ることはできませんでした。それは、ブル・マスティフが頑固な性格を持ち、服従訓練にも抵抗し、家族に対しては過剰なまでの防衛心を持つからです。

基本的なデータ

原産国　イギリス
起源　1800年代
初期の用途　ガーディング
現在の用途　コンパニオン、ガーディング
寿命　10～12年
体重　41～59 kg
体高　64～69 cm

筋肉質で太い首は胸に融合しています

パワフルな前脚は太くてまっすぐです

大きいけれどコンパクトなネコのような趾には、丸みを帯びた指があります

牧畜犬と護衛犬　371

犬種の歴史

　ブル・マスティフは、イングリッシュ・マスティフの血を60％、ブルドッグの血を40％引いています。この犬種は、敷地内に潜入する密猟者を追跡し取り押さえる能力を持っており、猟場番人の補助犬として作出されました。

つけ根の部分が
たくましい尾

広くて深い胸は、硬く
ぴったりと寝た短毛で
覆われています

フォーン

レッド

レッド・
ブリンドル

ブラック・
ブリンドル

ボクサー

　ドイツでは100年前に、高品質の"デザイナー"ドッグをつくり出すための繁殖が行われました。この丈夫で自信に満ちたボクサーはその計画繁殖の成功例のひとつです。今日、サイズは国によってまちまちですが、性格は当時のままで、活動的、積極的、そして強く、ふざけるのが大好きです。ボクサーはいろいろな意味で理想的な家庭犬ですが、習性は成犬になっても子犬の時と変わらず、動作が機敏で、サイズが比較的大きいため、時として大騒動を巻き起こすことがあります。筋肉質なボディと威圧的な外貌を持つため、家を守るのには最高の犬です。また反面、子供たちに対しては子羊のように優しく接します。

短くて光沢があり滑らかな被毛が、肘にまで達する素晴らしい胸を覆っています

大きくてコンパクトな趾には、強い指があります

牧畜犬と護衛犬　373

フォーン　　ブリンドル

基本的なデータ

原産国　ドイツ
起源　1850年代
初期の用途　ガーディング、ブル・バイティング
現在の用途　コンパニオン
寿命　11～12年
体重　25～32 kg
体高　53～63 cm

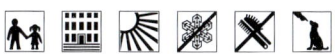

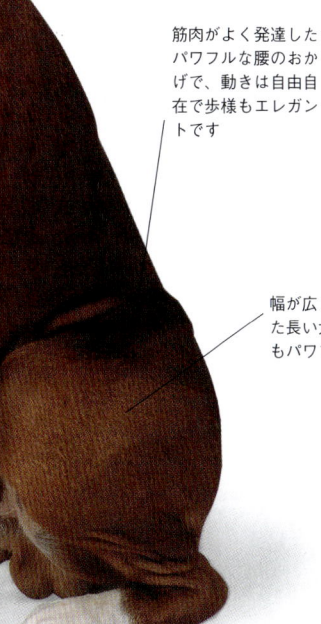

筋肉がよく発達したパワフルな腰のおかげで、動きは自由自在で歩様もエレガントです

幅が広くてカーブした長い大腿は、とてもパワフルです

犬種の歴史

　ボクサーの原種であるブレンベイザーは、ドイツ及びオランダでイノシシやシカのハンティングに使われていました。今日のボクサーは、ダンツィガー・ブレンベイザーとブラバンター・ブレンベイザーをバイエルン地方の土着犬や外国の犬と交配させてつくり出したものです。

374　家庭犬の種類

グレート・デーン

　威厳があり愛情深いグレート・デーンはドイツの国犬です。この犬種のルーツは、スキタイ族のアラン人によって現在のアジア・ロシアからヨーロッパに持ち込まれた犬にさかのぼることが、ほぼ明らかになっています。これらの闘犬マスティフにグレイハウンドを交配して生み出されたのが、今日見られるエレガントで温和なグレート・デーンだと考えられています。超大型サイズであるために、尻部や肘の関節炎や骨の突出といった健康上のトラブルを生じやすくなっています。

長くて先細の尾は先が傷つきやすい

短くて密生した被毛が、筋肉質な大腿を覆っています

基本的なデータ

原産国　ドイツ
起源　中世、1800年代
初期の用途　軍用、大きな動物のハンティング
現在の用途　コンパニオン、ガーディング
寿命　9〜10年
別名　ドッチェ・ドッゲ
体重　46〜54 kg
体高　71〜76 cm

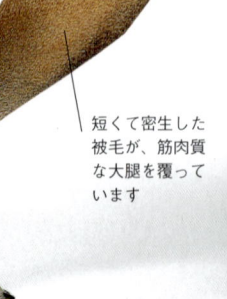

375

かなり窪んだ、中程度の大きさの眼

エレガントな首に、皮膚のたるみはありません

厚く硬い唇は、左右対称に垂れています

フォーン

黒

ブルー

非常に深いV字形の胸と、張りのある肋骨

ブリンドル

ハールクイン

犬種の歴史

　グレート・デーンのルーツは、1200年代にチョーサーが述べているがっしりしたアラウントにさかのぼります。

シャー・ペイ

　世界中にはさまざまな犬がいますが、シャー・ペイのような風貌を持つ犬は他にはいません。中国のスタンダードを見れば、シャー・ペイの形態がどのようなものであるかが一目で分かります。貝殻状の耳、蝶のような鼻、メロンの形をした頭、老人のような表情の顔、水牛のようにたくましい首、馬のような臀部、竜のような肢、という実に特徴的な容貌の持ち主です。香港から輸出されアメリカで繁殖した最初のシャー・ペイは深刻な眼の病気を持ち、度重なる手術が必要でした。繁殖を重ねるうちに眼の問題は低減されましたが、高い頻度で発生する皮膚のトラブルは減少できませんでした。シャー・ペイは時として攻撃的になることもあり、犬に対するアレルギーがなくシャンプーもまめに行える人に向く犬種です。

基本的なデータ

原産国　中国
起源　1500年代
初期の用途　ドッグ・ファイティング、ハーディング、ハンティング
現在の用途　コンパニオン
寿命　11〜12年
別名　チャイニーズ・ファイティング・ドッグ
体重　16〜20 kg
体高　46〜51 cm

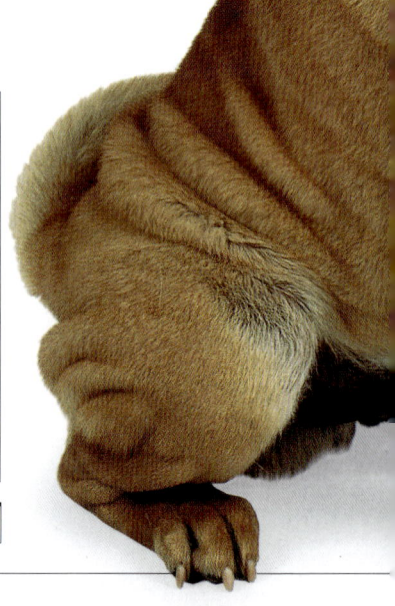

牧畜犬と護衛犬　377

頭は、ボディのサイズに見合って大きい

口吻は弾力性があり、鼻のつけ根は膨らんでいます

犬種の歴史

　中国南部の広東州に長い間生息しているシャー・ペイは、マスティフとスピッツ・タイプの犬を祖先に持つと思われます。そして、チャウチャウの近縁でもあります。中国本土で犬の飼育が禁じられ一時絶滅寸前になりましたが、香港人のブリーダー、マトゴ・ロウによって救済されました。

クリーム　フォーン

レッド　黒

コンパニオン・ドッグ

犬はみんな友だちです。犬を観察していると、私たち人間の気持ちを理解しているかのように見えます。大抵の犬は、一緒に暮らしている人間のことを家族と見なしています。最もどう猛な警備犬ですら、よく知っている人に対しては、日頃から愛敬をふりまきます。世界中ほとんどの文化圏では、これといった目的もなく、相棒としてペットが飼われています。ペットといえば、大抵は犬なのです。犬のなかには、特に実用的な目的はなく、生活の温もり、伴侶、楽しみを提供するという理由だけで繁殖された犬種があります。そうした犬種は、大抵、小型で、もともとは女性が楽しむために作出されたものです。

小型犬の祖先

原初の犬たちに、自然変異による矮小化が起きたことが分かっています。頭蓋が比較的大きなドーム形になり、長かった骨は短縮し、関節が太くなりました。これらの犬は、その一風変わった持ち味が珍重されて保護されたのか、今日の短肢型の犬種（ダックスフンドやバセット犬など）の祖先となっています。もうひとつ別の形態によるサイズの縮小も起こりました。骨格のすべての部分が等しく縮小する「小型化」です。さらに、これらふたつの形態によるサイズの縮小が並行して起きることもありました。そこから生まれた犬種に、たとえばペキニーズがあります。

ペキニーズはおそらくシー・ズーと血の繋がりがあるほか、ラサ・アプソ、チベタン・テリア、チベタン・スパニエルといったチベットの小型作業犬とも血族関係にあるとみられます。古代中国人は、新しい有益な犬種を求めた結果、無毛の犬を後世に残しました。最初はたんなる好奇心から珍重していましたが、やがて暖かな湯たんぽのような存在として愛玩するようになったようです。

優遇を受けて

日本では、狆が貴族の間でエリート愛玩犬

シー・ズー

としての役割を担っていました。地球の裏側のイギリスでも、狆とよく似た犬種であるミニチュア・スパニエルがやはり宮廷で同じような存在になっていました。ミニチュア・スパニエルは、チャールズ1世の名をそのまま戴いてキング・チャールズ・スパニエルと名づけられるほど、国王に愛玩されました。この犬は、血縁の近いキャバリア・キング・チャールズ・スパニエルと同様に、野外で作業に従事することはなく、国王の忠実な良き伴侶となりました。イギリス国王は、小型犬をペットとして飼うことで孤独感を癒し、ヨーロッパの他の地域では、小型のビションが各地の宮廷で愛玩されました。ビション・フリーゼ、ローシェン、マルチーズ、ボロネーゼの少し前の祖先は、ポルトガル、スペイン、フランス、イタリア、ドイツの支配階級の肖像画などで、互いに似通った姿で描かれています。コトン・ド・チュレアールは、マダガスカルに赴任していたフランス人行政官の妻た

ちのお伴をしていました。ハバネーゼは、アルゼンチンや後にはキューバに在住していたイタリア人富豪の家庭愛玩犬になっていました。チワワは、ユニークな愛玩犬であり、そしてまた元気いっぱいの番犬にもなります。もう少しサイズの大きい犬種としては、パグ、フレンチ・ブルドッグ、アメリカン・ブルドッグなどがいます。いずれも、作業犬のミニチュア種です。ミニチュア、トイ、ミディアムの各種プードルも、もっぱら愛玩犬として飼われていますが、訓練に対する感受性が高いというスタンダード・プードルの性質は受け継いでいます。ダルメシアンは、愛玩犬のなかで特にユニークな存在です。その形態からは、猟犬の血を引いていることがうかがわれますが、くっきりと際だったあの黒まだらの被毛ばかりを求めてブリーディングが行われたために、天性のセント・ハウンド（嗅覚獣猟犬）としての機能はすっかり影を潜めてしまいま

チワワ（ロングヘアード）

した。

新しい犬種

北米では、小型プードルと他の犬種との交配が盛んに行われ、コッカープーとかピークプーと呼ばれるコンパニオン・ドッグが作出されています。新犬種は他の地域でも現われています。とりわけ、オーストラリアのヴィクトリア州では、スタンダード・プードルとラブラドール・レトリーバーとの交配により、ラブラドードルが作出されました。こうした交雑種のなかには、抜毛しない犬がいて、抜毛する犬にアレルギー反応を起こす眼の不自由な人の盲導犬になるための訓練を受けていました。スタッフォードシャー・ブル・テリアとボクサーを交配すれば、堂々とした風格を持つ素朴な犬ができます。ビションとヨークシャー・テリアをかければ、活気あるコンパニオン・ドッグになります。小型化を狙ったブリーディングによって、ノース・アメリカン・シェパードやミニチュア・シャー・ペイのような新犬種が作出されています。これら「新」犬種も、ケンネル・クラブに公認されていなかっただけで、じつは非常に古い犬種なのです。こうしたいわゆる「雑種」の多くは、ほぼ独立種に近い犬種だったということにブリーダーたちは気づきだしました。

ビション・フリーゼ

ビション・フリーゼ

　愛らしく、順応性があり、とても幸せそう。それでいて勇気があって活動的。1970年代後半にどこからともなく登場して以来、ビションはたくさんの愛好家に恵まれてきました。根っからの愛玩犬であると同時に、闘争心があって大胆です。最近では、ノルウェーの農夫たちが、この犬を訓練すれば羊を統率管理できるようになることに気づきました。日頃からグルーミングを欠かすことはできません。歯石や虫歯ができやすい体質なので、歯と歯ぐきの手入れも必要です。被毛の白い犬種というのは、とかく慢性皮膚疾患にかかりがちですが、このビションに限っては、アレルギー性の皮膚病とは無縁です。

尾の被毛が背の方にもたれかかっていますが、重くのしかかるような感じではありません

基本的なデータ

原産国　地中海地方
起源　中世
初期の用途　コンパニオン
現在の用途　コンパニオン
寿命　14年
別名　テネリフェ・ドッグ
体重　3～6kg
体高　23～30cm

犬種の歴史

　陽気で愛情深いこの犬の明確な起源はわかっていません。14世紀までに、船乗りたちの手でテネリフェ島に運ばれました。その後、15世紀には、すでに王室の人気者になっていました。

コンパニオンドッグ 381

鼻色は、成犬ではジェット・ブラックですが、産まれた時点ではピンク色を呈します

暗色の丸い眼の周囲には、同じく暗色の縁があります

垂れ耳で、耳の大きさはプードルよりも小さい

爪の色は、通例は白ですが、ブリーダーたちは黒を好みます

マルチーズ

　かつてはマルチーズ・テリアと呼ばれていました。陽気で明るく、時に神経質なこの犬種には抜毛がなく、長くて瀟洒な被毛が生えます。このため、特に子犬の被毛から成犬に生え変わる生後8カ月前後には、被毛のもつれに悩まされます。従って、毎日欠かさずグルーミングすることが不可欠です。子供に対しては、ほとんどいつも変わらず好意的に接します。運動好きな犬ですが、運動させる機会がなくとも、動きの少ない生活に順応するはずです。

たっぷりと生えた長い被毛の重みで、尾が左右に湾曲しています

基本的なデータ

原産国　地中海地方
起源　古代
初期の用途　コンパニオン
現在の用途　コンパニオン
寿命　14〜15年
別名　ビション・マルチーズ
体重　2〜3kg
体高　20〜25cm

コンパニオンドッグ 383

犬種の歴史

2000年以上も前に、フェニキアの商人が古代のメリタ犬をマルタ島に連れて帰ったと考えられています。現在のマルチーズは、小型のスパニエル犬とミニチュア・プードルを交配して作出されたようです。

大きくて丸みを帯びた暗色の眼は、わずかに突出しています

光沢のある被毛は、重みがあって長い

ボロネーゼ

　ボロネーゼはマルチーズに酷似した犬で、ルネッサンス期イタリアの支配者の家系や貴族階級の間でマルチーズと同様の役割を果たしていました。特に、メディチ家、ゴンザーガ家、エステ家の宮廷で愛好されていました。今日ではイタリアでさえめずらしくなっているこの犬種は、よりポピュラーな近縁種であるビション・フリーゼに比べていく分控えめでシャイな性質を示します。白い綿状の被毛は、暑さの厳しい気候条件に適しています。ボロネーゼは、人間との触れ合いを好むので、飼い主と親密な関係を築きます。

基本的なデータ

原産国　イタリア
起源　中世
初期の用途　コンパニオン
現在の用途　コンパニオン
寿命　14年
別名　ビション・ボロネーズ
体重　3〜4kg
体高　25〜31cm

趾はこじんまりと引き締まっており、爪の色はピンクまたは黒

犬種の歴史

犬種名は北イタリアのボローニャにちなんでいますが、原産地は南イタリアのビションです。この犬種については、13世紀の昔から記録が残っています。

被毛はふさ状に垂れています

尾は、リラックスしている時にはだらりと垂れ、警戒している時は背の方に巻きつきます

四肢は長毛のふさ毛に覆われています。アンダーコートは体のどの部分にも生えていません

ハバネーゼ

　革命が犬にとって都合よく働くということは滅多にありません。新しい政治体制が、純粋繁殖犬をアンシャン・レジームの象徴と見なすことはよくあります。フランス、ロシア、キューバの革命の後には、権力の座から引きずり降ろされた旧支配階級の愛犬が積極的、消極的に排除されました。現在では原産国のキューバですらめずらしくなっているハバネーゼの人気が、アメリカ国内で復活しつつあります。時にシャイな一面をのぞかせますが、普段は温和で感度の良い犬です。飼い主の家庭にぴったりと寄り添い、子供たちともたいへん仲良くするこのハバネーゼは、天性のコンパニオン・ドッグです。たっぷりと生えた柔らかい被毛の形態には、波状から巻き毛までバラエティに富んでいます。

基本的なデータ

原産国　地中海地方、キューバ
起源　18〜19世紀
初期の用途　コンパニオン
現在の用途　コンパニオン
寿命　14年
別名　ビション・アバネーズ
　　　ハバナ・シルク・ドッグ
体重　3〜6kg
体高　2〜28cm

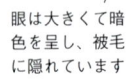

眼は大きくて暗色を呈し、被毛に隠れています

四肢はまっすぐで、足指は肉が少ない

コンパニオンドッグ 387

犬種の歴史

ハバネーゼは、ボロネーゼ犬に、小型のプードルまたはスペイン固有のマルチーズのどちらかの血が導入された系統を引いているのではないかと考えられます。

クリーム　シルバー

ゴールド　ブルー

黒

先細り気味の耳は、密毛に覆われ、いく分裂をつくりながら垂れています

ボディにはふさ毛がたっぷり生えています

コトン・ド・チュレアール

　何百年もの間、コトン・ド・チュレアールはマダガスカル南部のチュレアールに居住する富豪たちの間でお気に入りの愛玩犬とされ、固定類型として存続していました。これと類似した祖先を持つ犬が、マダガスカルの東海岸沖に浮かぶ、フランス領レユニオン島で盛んに飼われていましたが、すでに絶滅しています。コトン・ド・チュレアールは、典型的なビション・タイプの犬種です。目立った特徴は、綿菓子のようにふわふわとしたロングヘアーの被毛（丹念なグルーミングが必要です）、そしてヨーロッパ産のビション犬と異なり、イエローもしくは黒のヘア・パッチが入りがちなことです。温和で愛情豊かでありながら勇敢な犬種で、アメリカ国内でも次第に人気を高めつつあります。

基本的なデータ

原産国　マダガスカル、フランス
起源　17世紀
初期の用途　コンパニオン
現在の用途　コンパニオン
寿命　13〜14年
体重　5.5〜7kg
体高　25〜30cm

コンパニオンドッグ 389

犬種の歴史

　フランスのビション種とイタリアのボロネーゼ種の血を引いた犬種。フランスがマダガスカルを植民地化しようとした時に、フランス軍か、後に入植した植民統治官が連れてきたのではないかと考えられます。この犬種は、最近20年間に再導入されるまで、ほとんど知られていませんでした。

白　　黒／白

オーバーコートは長く、アンダーコートはありません

少し筋肉の発達した前脚は、ふわふわした被毛に覆われています

ローシェン

　フランス原産の才気あふれるこの犬種は正真正銘のヨーロッパ犬で、南欧各地に土着していた犬たちを祖先とします。この愛くるしい犬をキャンバスに描いた多くの画家たちのなかには、あのゴヤも含まれています。ライオン・カットの被毛は、一見すると虚弱で威厳がないように見えるものですが、それはこの犬には当てはまりません。ローシェンは丈夫な犬なのです。意思堅固で、横柄になることもあります。特に雄犬は、リーダーシップを勝ちとるために、自分より体の大きい家庭犬にも敢然と挑みかかろうとします。プードルと同様に、この犬もドッグ・ショー向けに限っては、被毛のクリッピングを行う必要があります。

基本的なデータ

原産国　フランス
起源　17世紀
初期の用途　コンパニオン
現在の用途　コンパニオン
寿命　13～14年
別名　リトル・ライオン・ドッグ
体重　4～8kg
体高　25～33cm

趾は小さく、ネコの足に似た形状を呈します

コンパニオンドッグ　391

さまざまな毛色

被毛は長く、波状を呈します。耳の周囲は特に長く伸びています

デリケートな被毛ですから、酷寒の気候条件では耐寒性や保温性がほとんどありません

鼻色は被毛の色によって違いがあります

前脚の被毛は丹念にクリッピングされています

犬種の歴史

　ローシェンの起源は、ヨーロッパの地中海地方で繁殖されていた他のビション犬と同系統ではないかと考えられます。ポピュラーとはいえませんが、現在ではめずらしい犬種ではなくなっています。

ラサ・アプソ

　チベット人は、犬の外貌よりも気質を重んじて繁殖しました。ラサ・アプソは、屋内の番犬として利用されていました。「毛深い鳴き犬」という意味のチベット名も、その鳴き声に由来します。このような性質を持つ犬は、特にダライ・ラマ宮殿のような富裕階級の居住地域ではごく普通に飼われていました。ラサ・アプソが西洋に紹介された時には、ちょっとした混乱を招き、初めはチベタン・テリアやシー・ズーと同じカテゴリーに分類されていました。しかし、1934年に、これらの犬たちがそれぞれ独立の犬種として認められたのです。

基本的なデータ

原産国　チベット
起源　古代
初期の用途　僧侶のコンパニオン
現在の用途　コンパニオン
寿命　12～14年
別名　アプソ・セン・カイ
体重　6～7kg
体高　25～28cm

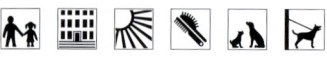

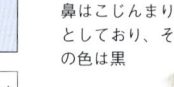

鼻はこじんまりとしており、その色は黒

コンパニオンドッグ 393

白	褐色
ゴールド	黒
バイカラー	ダーク・グリズル

犬種の歴史

　長い間、ラサ・アプソはチベットだけで繁殖されていました。初めて西洋に渡ったのは1921年のことでした。

被毛はまっすぐで、濃い

シー・ズー

　シー・ズーは、見た目にはラサ・アプソにそっくりですが、その起源も気質も違います。革命前のペキン・ケンネル・クラブで公認されていたシー・ズーの犬種標準書の翻訳によれば、「頭部はライオン、ボディはクマ、足はラクダ、尾は羽ぼうき、耳はヤシの葉、歯は米粒、舌は真珠のような花弁、動き方は金魚」に似るとされています。外貌のよく似たチベットの犬に比べて、シー・ズーはよそよそしさがなく、陽気にはしゃぎます。世界各地でシー・ズーの方が人気があるのはそのためでしょう。鼻鏡に生えた被毛は、上向きに伸びる傾向があり、頭頂部から伸びた被毛と一緒になることも少なくありません。

基本的なデータ

原産国　中国
起源　17世紀
初期の用途　王室愛玩犬
現在の用途　コンパニオン
寿命　12〜14年
別名　クリサンスマム・ドック
体重　5〜7kg
体高　25〜27cm

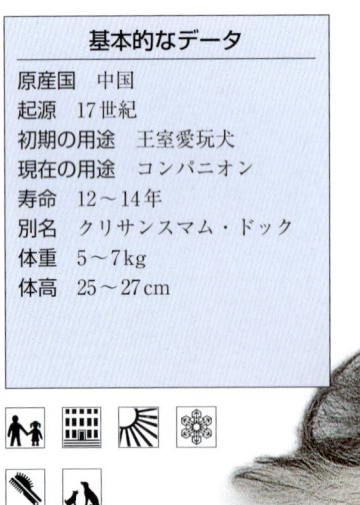

犬種の歴史

　シー・ズーは中国の王室で繁殖されましたが、チベット犬と、今日のペキニーズの祖先との交配により作出されたことは間違いありません。

尾はさりげなく巻いています

395

さまざまな毛色

鼻鏡に生えた被毛は上向きに伸びます

黒い鼻鏡の周囲には、独特の口髭が伸びています

長く、密集したオーバーコート

ペキニーズ

　中国の皇太后テイツィー・ヒシが定めた規準によれば、ペキニーズは四肢が短く曲がっているため遠くまで徘徊することはできず、首の周りに生えた柔毛の襞襟は独特の気品を感じさせ、選り抜きの娘のような可憐な外貌を呈していなければならないそうです。しかし、ペキニーズの際だった特徴は他にもあります。強情な気性、相手を見下したような高慢な態度、カタツムリのようにのろい動作。この犬は、落ち着きと自立心があり、一緒にいて楽しくなるような犬との触れ合いを楽しみたいという人たちには愉快なコンパニオンとなります。中国の伝説に、ライオンと猿が結婚して、ライオンの威厳と猿の愛嬌を兼ね備えたペキニーズができたのだという話があります。まさに至言です。

鼻鏡は両眼の間に押しつぶされたように平たい

たっぷりと生えたたてがみと、長く粗い被毛の襞襟

コンパニオンドッグ 397

犬種の歴史

かつては中国の王宮だけで飼われ、仏教と強い結びつきのある犬として愛玩されていました。1860年4頭のペキニーズが初めて西洋人の手に渡りました。

曲がった四肢は、豊かなダブルコートに隠れています

基本的なデータ

原産国　中国
起源　古代
初期の用途　コンパニオン
現在の用途　コンパニオン
寿命　12～13年
別名　ペキン・パラストフント
体重　3～6kg
体高　15～23cm

さまざまな毛色

狆
<small>ちん</small>

　イギリスのブリーダーたちは、この犬種に2頭のトイ・スパニエル犬の血を導入して、今日の狆とキング・チャールズ・スパニエルとの類似性を明らかにしたようです。狆のなかには、フラット・フェースを特徴とするすべての犬種と同様に、呼吸器や心臓の疾患にかかる犬がいます。小さいけれど元気の良いこの犬は、丈夫で自立心に富みます。日本でも上流家庭の夫人たちの間でこの犬が飼われてきましたが、欧米でも上流家庭の愛玩犬となっています。

基本的なデータ

原産国　日本
起源　中世
初期の用途　コンパニオン
現在の用途　コンパニオン
寿命　12〜13年
別名　日本スパニエル、チン
体重　2〜5kg
体高　23〜25cm

V字形の小さな耳は、やや前方に流れています

黒/白　　レッド/白

コンパニオンドッグ 399

犬種の歴史

　この犬種は、いくつかの点でペキニーズとよく似ていますが、チベタン・スパニエルから発達したと考えられています。最初にヨーロッパに渡ったのは17世紀、ポルトガルの船乗りがブラガンザのキャサリーン女王に何頭かの狆を献上した時でした。ヴィクトリア女王は、黒船来航後のペリー提督からひとつがいの狆を譲り受けました。

頭は大きい。口吻は非常に短くて幅が広く、適度に柔らかです

被毛はまっすぐで長く、たっぷりと生えています。巻き毛ではありません

チベタン・スパニエル

　犬名はスパニエルですが、実猟には役立ちません。チベットでは、羊皮紙に包まれた転経器を回すように訓練され、「祈祷犬」として活躍していました。数百年もの間、修道院のコンパニオンとして飼われていたことは確かですが、おそらく番犬の役も務めていたでしょう。解剖学的にはペキニーズと似ていますが、ペキニーズよりも足が長く、顔も奥行きがあるチベタン・スパニエルは、呼吸器や背中の疾患にかかる率がはるかに低いようです。自立心に富み、大胆なこの犬は、十分満足できるコンパニオンになります。

基本的なデータ

原産国　チベット
起源　古代
初期の用途　修道院のコンパニオン
現在の用途　コンパニオン
寿命　13～14年
体重　4～7kg
体高　24.5～25.5cm

コンパニオンドッグ 401

さまざまな毛色

適度にふさ毛の生えた垂れ耳は、耳つきが非常に高い

口の先端には、黒い鼻鏡

短く、力強い脚

犬種の歴史

　8世紀には、すでにチベタン・スパニエルに似た犬が現在の韓国に存在していました。しかし、その犬が中国から伝来したのかチベット産なのかは定かではありません。チベタン・スパニエルは、狆の元祖とも考えられています。

チベタン・テリア

　チベタン・テリアは、本来の意味でのテリアではありません。穴に入るために繁殖されたわけではないのです。もともとは、チベットの僧侶たちの間で愛玩用に飼われ、盛んに吠える番犬として活躍していました。イギリス人の内科医、グレイグの手で西洋に運ばれました。勇敢で探求心旺盛な犬ですが、血縁の近いラサ・アプソほどの人気は得ていません。しかし、愛らしいコンパニオンになります。運動はほとんどいりませんし、服従訓練も無理なく飲み込みます。見知らぬ人には警戒心が強いので、警備犬としての性能も備え、少しでも邸内に侵入してくる者がいれば、大きな声で吠えます。

基本的なデータ

原産国	チベット
起源	中世
初期の用途	警備犬
現在の用途	コンパニオン
寿命	13〜14年
別名	ドーキ・アプソ
体重	8〜14kg
体高	36〜41cm

大きめの趾は、豊かな細い被毛に隠れています

コンパニオンドッグ　403

犬種の歴史

　もともとチベタン・テリアは、贈答品として珍重されていました。伝えるところによれば、仏僧たちが遊牧民に幸運を祈ってこの犬を進呈していたそうです。1930年代になってイギリスに紹介されました。

頭部には豊かな被毛が生えています

さまざまな毛色

ボディは、引き締まっていて力強い

404　家庭犬の種類

チャイニーズ・クレステッド

　チャイニーズ・クレステッドは、アフリカ産の無毛の犬と形態的によく似ており、互いに遠い親戚同士ではなかったかと考えられます。遺伝的に、無毛の犬はあまりうまく繁殖できません。普通、歯や指の爪に異常を持って生まれてくるのです。しかし、無毛の犬同士をかけ合わせると、「パウダーパフ（おしろいばな）」と呼ばれる被毛のある子犬が産まれることはよくあります。無毛の犬に、遺伝的に比較的丈夫なパウダーパフを交配することで、この個性的な犬種の存続を保つことができます。しかし、暑さにも寒さにも弱いので、保護してあげる必要があります。

パウダーパフ

ボディの大半が無毛。尾には長い被毛が生えていて、見栄えがよい

胸部は深く、風雨にさらされないように守られています

趾は肉が薄く、ネコの足に似ており、中くらいの長さの被毛に覆われています

コンパニオンドッグ 405

犬種の歴史

歴史的に見ると、中国人は動物の「家畜化」を世界一盛んに行う民族だといわれており、独特の珍種を作出してきました。しかし、チャイニーズ・クレステッドが中国原産種だということを証明する記録はありません。実際、無毛犬というのはアフリカで発達し、その後、業者の手でアジアやアメリカに運ばれたらしいのです。

さまざまな毛色

無毛種

三角形の頭部の形状は、ヨークシャー・テリアと酷似しています

ボディはほっそりとしてエレガント

皮膚は無地または斑点入りで、夏期は色が薄くなります

基本的なデータ

原産国　中国、アフリカ
起源　古代
初期の用途　コンパニオン、宗教儀式
現在の用途　コンパニオン
寿命　12～14年
別名　ヘアレス、パウダーパフ
体重　2～5.5kg
体高　23～33cm

パグ

　パグはとっつきの悪い犬です。しかし、一度慣れてしまうと、のめり込んでしまいます。ケンカ早くて個人主義的、精力的でタフな犬ですが、同時に頑固な一面もあります。自立心旺盛で断固とした態度。自分が何を欲しているかを自覚して、納得のいくまで動じません。筋肉が発達して引き締まったボディ、平べったい顔、瞬きひとつせずにじっと相手を見つめる姿は、強烈な存在感を感じさせます。意志が強く、強引なところがありますが、攻撃的になることは滅多にありません。人間の飼い主の家族には愛情を持って接し、やすらぎを与えてくれる、価値あるコンパニオンになります。

シルバー

アプリコット・フォーン

黒

まっすぐで力強い四肢

コンパニオンドッグ　407

犬種の歴史

　少なくとも2400年前、極東にいたマスティフが小型化したのがパグの祖先です。この祖先は一時、仏僧の伴侶犬にされていました。16世紀、オランダの東インド会社を経由してオランダ本国に送り込まれ、貴族や王室のコンパニオンとなりました。

基本的なデータ

原産国	中国
起源	古代
初期の用途	コンパニオン
現在の用途	コンパニオン
寿命	13～14年
別名	カーリン、モップス
体重	6～8kg
体高	25～28cm

尾はしっかりと巻かれ、捻れています

耳は薄く、小さく、柔らかくてビロード様。耳つきは高い

スムース・コートで硬くも柔らかもありません

キング・チャールズ・スパニエル

　サミュエル・ペピーズや他のイギリス人の日記によれば、キング・チャールズ2世は、端で見ている限り、国政の執務にあたっている時間よりも愛玩しているスパニエル犬と一緒に過ごしている時間のほうが長かったようです。チャールズ2世の飼い犬は、現在のキング・チャールズ・スパニエルよりも大型で口吻も長かったのですが、その後、流行に合わせるために、体形も口吻の長さも、現在のスタンダード型に縮小しました。これには、日本狆との交配が一役買っていたと考えられます。明るく愛嬌がある犬ですから、都会人に格好のコンパニオンになります。

基本的なデータ

原産国　イギリス
起源　17世紀
初期の用途　コンパニオン
現在の用途　コンパニオン
寿命　11～12年
別名　イングリッシュ・トイ・スパニエル
体重　4～6kg
体高　25～27cm

長い絹状の被毛はまっすぐか、または波状を呈します

コンパニオンドッグ　409

ブレンハイム

トライカラー

黒／タン

レッド／タン

耳つきは低く、頬にぴったりと寄り添うように垂れています

犬種の歴史

　中世初期、さまざまなスパニエル犬が誕生しました。17世紀までに、特に小型のスパニエル犬を選択交配して「トイ・スパニエル」が作出されました。後に、誰よりもこの犬種を寵愛したチャールズ2世にちなんで、この名がつけられました。

四肢はまっすぐ。趾はこじんまりとして、適度に飾り毛が生えています

キャバリア・キング・チャールズ・スパニエル

　この10年の間に、友好的で愛情に厚く、エネルギッシュなキャバリア・スパニエルの人気は著しく高まりました。いろいろな面で、都会人にとって理想的なコンパニオン・ドッグです。天気が悪ければソファの上で丸くなって寝るのを好み、機会があれば何kmでも歩いたり走ったりします。この犬の人気が高まると、集中的な近親交配が行われるようになりました。そして残念なことにそれが、図らずも致命的な心臓疾患の発生率を高めている一因となっているのです。当然の結果として、心臓疾患に冒された犬の寿命は、通常の14年から、せいぜい9年ないし10年にまで縮まるのです。その率も、遺伝性の疾患の発生率としては、胸が痛むほど高い数値なのです。おそらく、重大な疾患の発生率がこれほど高い犬種は他にはないでしょう。このキャバリア種を選ぶ時には、数世代前までさかのぼって病歴をチェックすることが極めて重要です。

| ブレンハイム | ルビー | 黒/タン | トライカラー |

コンパニオンドッグ 411

犬種の歴史

1920年代、ロスウェル・エルドリッジというアメリカ人が、ロンドンで開かれたクラフト・ドッグ・ショーで賞金を出し、ヴァン・ダイクの「キング・チャールズ2世」という絵画作品に描かれているような長い口吻を持つキング・チャールズ・スパニエルを出陳する人を募りました。1940年代には、こうした犬たちをそれまでの同系種と区別するために、犬名の頭に「キャバリア」をつけました。

基本的なデータ

原産国	イギリス
起源	1925年
初期の用途	コンパニオン
現在の用途	コンパニオン
寿命	9～11年
別名	イングリッシュ・トイ・スパニエル
体重	5～8kg
体高	31～33cm

大腿部にはほどほどに肉がついており、骨太

まっすぐで骨太の前肢に沿って、絹状のふさ毛が生えています

長い絹状の被毛は、いく分波打っているものの、巻き毛にはなっていません

チワワ

　チワワは、小柄で華奢な体形ながら、鋭敏で勇気ある性質を示します。「チワワ」という犬名は、この犬を初めてアメリカに輸出したメキシコの州名にちなんだものです。その後、広く世界に普及しました。この犬種にはさまざまな伝説がありますが、そのアステカ名、「ショロイスクウィントーレ」は、間違った呼称のようです。こちらの方は、じつは中央アメリカ原産の、かなり大型の動物のことだったのです。他にも、ブルーの被毛を持つチワワは神聖なものと見なされ、レッドはアステカの宗教儀式として火葬用の積み薪の上に生け贄として捧げられていた、などという伝説がありますが、これも真偽のほどは定かではありません。いずれにせよ明らかなことは、チワワが本質的に小型愛玩犬（抱き犬）だということです。わずかな風に吹かれても震えを見せ、人間に愛玩されていることを何よりも好みます。短毛種と耐寒性のある長毛種のいずれにしても、人間に慰安をもたらし、忠誠と友情を捧げてくれます。

オーバーコートは大きな襞襟状をなし、首の周りにはアンダーコートがたくさん生えています

趾はこじんまりとしており、とてもカーブした爪です

コンパニオンドッグ 413

犬種の歴史

チワワの起源は謎に包まれています。専門化の推測によれば、1519年にホルナンド・コルテス率いるスペイン軍に連れられた小型犬がアメリカ大陸に上陸しました。これとは別に、ヨーロッパ産の小型犬がアメリカ大陸に上陸する前に、海路アメリカに渡った中国人が一緒にミニチュア犬を連れて行ったという説もあります。いずれにしても、チワワが初めてアメリカ合衆国に輸出されたのは1850年のことでした。

基本的なデータ

原産国　メキシコ
起源　19世紀
初期の用途　コンパニオン
現在の用途　コンパニオン
寿命　13〜14年
体重　1〜3kg
体高　15〜23cm

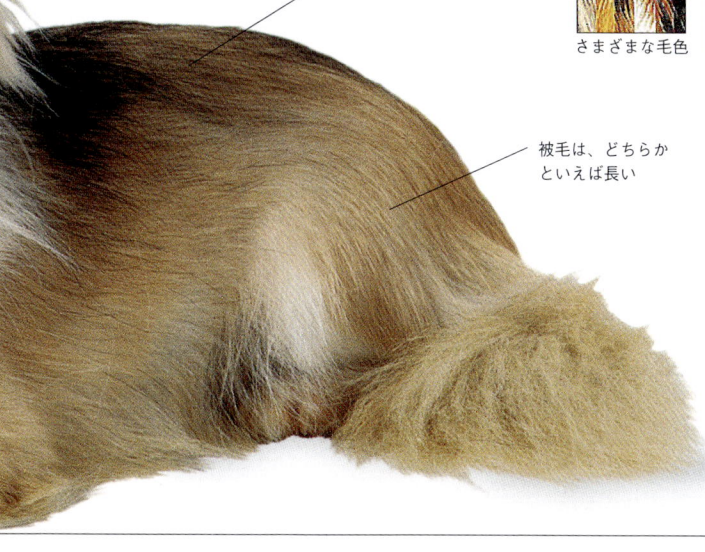

ボディは長く、よく引き締まっています

さまざまな毛色

被毛は、どちらかといえば長い

フレンチ・ブルドッグ

　伝えるところによれば、フレンチ・ブルドッグはスペインの牛追い犬（Dogue de Burgos）の系統を引いているそうですが、我がままな一面をしばしばのぞかせるこの小さな犬が、イギリス産の小型ブルドッグの血を引いているというのは、説得力があります。不思議なことに、この犬が初めて純粋犬種として認められたのは、フランスでもイギリスでもなく、アメリカだったのです。当初は、ネズミを捕まえる目的のために繁殖されたのがこの肉づきのよい犬だったのですが、その後、パリの労働者階級のアクセサリー犬になりました。以前ほど頭数は多くありませんが、この犬の社会的地位の方は高まり、現在では、経済的に豊かな家庭で飼われています。

基本的なデータ

原産国　フランス
起源　19世紀
初期の用途　牛追い犬
現在の用途　コンパニオン
寿命　11～12年
別名　ブルドッグ・フランセ
体重　10～13kg
体高　30.5～31.5cm

フォーン

パイド

レッド・ブリンドル

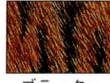

ブラック・ブリンドル

犬種の歴史

1860年代、フランスのブリーダーたちはイギリスから非常に小型のブルドッグを輸入し、フランスのテリア犬と交配させました。20世紀の半ばまでには、フレンチ・ブルドッグはポピュラーな畜殺犬であると同時に、進歩的な知識人の愛玩犬になっていました。

広く、短い獅子鼻。鼻孔は傾いています

バット・イヤー（コウモリ耳）は、断耳によるものではなく、生まれつきのもの

ずんどうで円柱状の胸郭

被毛はたいへん短く、密集していて光沢があり、柔らかい

プードル

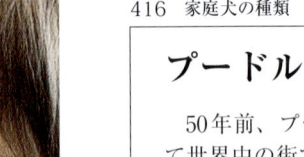

　50年前、プードルは世界一人気のある犬でした。装飾愛玩犬として世界中の街で見かけられたものです。しかし、その人気のお蔭で、性能よりも頭数を尊重した、無計画な繁殖が行われるようになりました。この犬種にも、身体上、性向上の問題が忍び寄り、人々の心は離れていきました。代わって、世界で最も人気のある犬種は、大型ではジャーマン・シェパード、小型ならヨークシャー・テリアとなったのです。現在でも、見識あるブリーダーの手で繁殖された小型プードルなら、以前のように安心して飼える、信頼性の高い愛玩犬になります。犬種を小型化すると、時としてまるで子犬のように人間に対する依存心の高い犬ができますが、プードルに限っては、そんなことはありません。健康な犬であれば、自立心旺盛な犬格を備えています。そして、犬格優秀なものであれば、感度、訓練欲、思考力のいずれをとっても抜群の性能を示します。

基本的なデータ

原産国　フランス
起源　16世紀
初期の用途　コンパニオン
現在の用途　コンパニオン
寿命　14〜17年
別名　カニシュ
体重
トイ：6.5〜7.5kg
ミニチュア：12〜14kg
ミディアム：15〜19kg
体高
トイ：25〜28cm
ミニチュア：28〜38cm
ミディアム：34〜38cm

犬種の歴史

　護羊犬や水鳥回収運搬犬としてのスタンダード・プードルは、少なくとも今から500年前にドイツからフランスに入ったと考えられています。その頃にはすでに、今日の小型化されたトイ・プードルに「バントマイズ」されていたはずです。

すべてソリッド・カラー

コンパニオンドッグ　417

トイ・プードル

耳は、波状の
被毛に覆われ
ています

スタイルにか
かわらず、被
毛はトリミン
グします

犬種の歴史

スタンダード・プードルのミニチュア・バージョン。1950年代から'60年代にかけて、たいへんな人気者になりました。トイ・プードルよりもいくらか大きめです。動作が機敏で、一時はサーカスの呼び物になっていました。

口吻はまっすぐです

ミニチュア・プードル

ふわふわとして弾力性のある被毛

後脚のポンポン（丸いふさ毛）が、おどけた感じを与えています

趾は小さく楕円形。爪の色は、毛色に応じて異なります

犬種の歴史

　ミディアム・プードルは、まだどこでも公認とはいきませんが、いくつかの国では独立の犬種として受け入れられています。サイズはミニチュアとスタンダードの中間くらいですが、性質に相異はありません。

眼は生き生きとした表情を呈し、やや傾いています

弾力性のある巻き毛は抜け落ちることがなく、豊かに生えます。トリミングを頻繁に行う必要があります

尾の先端部は被毛を残しておきます

前脚はまっすぐで、平行に並んでいます

ミディアム・プードル

ダルメシアン

　現在、ダルメシアンはもっぱらコンパニオンとして飼われていますが、かつては何世紀にもわたって、優れた作業犬として活躍した時代があります。その頃は、群れをなして活動する実猟犬、回収運搬犬、鳥猟犬として飼われていました。牧羊や害獣の捕獲などに役立っていたのです。もっと時代が進んでからは、サーカスの曲芸に出演していました。自動車などの交通手段が発達するまでは、馬車犬として使われていました。馬が引く馬車に寄り添って歩きながら、混雑している場所ではあらかじめ先に進んで人混みを分けるという仕事をこなすのは、あらゆる犬種のなかでもこのダルメシアンをおいて他にありません。19世紀には、アメリカの消防庁が、消防車を引く馬の統率役としてこの犬を使っていました。ほとんどいつも変わらず友好的な態度で人間や他の動物に接しますが、雄犬だけは、他の雄犬に対して攻撃的になることがあります。また、排尿器官の結石ができることがあるのも、犬としてはダルメシアンだけに見られる特性です。

白／レバー　　白／黒

大腿は、丸々と筋肉が発達しています

尾は、力強いつけ根から先細りしています

コンパニオンドッグ　421

基本的なデータ

原産国　バルカン地方、インド
起源　中世
初期の用途　実猟、運搬犬
現在の用途　コンパニオン
寿命　12年
体重　23〜25kg
体高　50〜61cm

普通は頭部に斑はできません

眼は丸く、輝きがあり、眼の間隔は多少広い

犬種の歴史

　4000年以上も前のギリシャの彫刻壁画にダルメシアンとよく似た猟犬が描かれています。アドリア海沿岸のダルマティア地方がこの個性的な犬の故郷だといわれていますが、じつは起源はインドで、インドの貿易商が古代ギリシャに連れていったのだとする有力な証拠があります。

無作為繁殖犬

　その時々によって、たとえば「雑種犬」とか「野良犬」などのように異なった名称で呼ばれている無作為繁殖犬には、共通する性格的特性があります。盲目、心臓疾患、腰部の形成異常といったさまざまな遺伝性の障害が、一部の純粋繁殖犬では痛ましいほどの確率で発生しているのに対し、無作為繁殖の場合には特定の目的のためにブリーディングされることはなかったため、そうした発生率はずっと低くなります。それでいて、無作為繁殖犬は購入価格も安く、個体数もあり余るほどです。そのため、人間社会における評価の方は純粋繁殖犬よりも低くなります。しかし、実際に飼ってみれば、それなりのよさがあるのです。

遺伝と環境による影響

　犬の性格というのはさまざまな観点から評定されるものですが、とりわけ重要なのは、遺伝的特徴と子犬時代の生育環境です。遺伝的特徴の影響力は大きくて、たとえば、同様の気質を持つ犬同士を交配すると、無作為に選んだ犬同士を交配した場合と比べて、生まれてきた子犬たちが互いに同じような気質を持っている可能性が高くなります。いうまでもなく、これは選択交配の基本です。つまり、無作為繁殖犬を選んで交配するよりも、純粋犬種を選択して交配するほうが、既知の性向を持つ犬が生まれる可能性は高くなります。とはいっても、遺伝的特徴によって犬格がすべて決まるわけではありません。子犬時代の生育環境もたいへん重要なのです。無作為交配により生まれた子犬は、家庭環境の中で適切に飼われれば信頼のできる成犬に成長します。残念なことですが、無作為繁殖犬は、無計画な交配によって生まれる場合が多いので、飼い主が大事に育てようとせず、場合によっては捨ててしまうことさえあります。そうした不幸な犬たちは決まって、不安からくる著しい性向不良を示すものです。

野犬と野良犬

　野生の犬は無作為に繁殖されます。人間の家庭以外の場所で餌を食べ、交尾し、出産し、生活するのです。しかし、生存のためにはどこかで人間の生活に寄りすがっていなければなりません。北米や北欧には野犬がほとんどいませんが、中米や南米、あるいはバルカン半島や旧ソ連、トルコ、中東、アフリカ、アジアなどでは、野犬はごく普通に見かけられます。無作為繁殖でも、形態が固定化することはしばしばあります。そうした犬を人間の管理下で繁殖させるとすれば、特定地域での無作為繁殖犬は純粋繁殖犬の部類に入れることができます。野良犬の場合は事情が違います。

無作為繁殖犬の入手方法

　無作為繁殖犬を入手するのに一番良い方法は、近所の人や友人が飼っている犬が出

救済された犬の引きとり手になる場合には、まず、その救済機関に、気質テストを行ったかどうかを確認してください。さらに、その犬のサイズ、所用運動量、食餌の量から見て、自分の生活環境に十分対応できる犬であるかを確認してください。気質テストが行われていない場合には、引きとる飼い主が自分でテストをしなければなりません。テストは、自分の生活環境に当てはまるような領域に焦点を当てて行います。子供がいる場合には、子供を犬の側に連れていって、犬の反応を観察してみるのです。いくつかの単純なテストをひととおり実施してみれば、どんな犬であってもその性格をおおむね把握することができます。コンパニオンとしての資質、見知らぬ人や動物が邸内に侵入した時にそのことを家族に知らせるために吠える能力などは、すぐに表れるはずです。

産したときに子犬を分けてもらうことです。母犬の気質、そしてできれば父犬の気質もよく観察できるからです。子犬を自ら選ぶことで、将来その犬の気質を著しく損なうような未知の要素を早いうちから排除することができます。

ドッグ・シェルター（犬の収容所）に入っている犬の大多数は無作為繁殖犬でしょう。彼らは、常に、良い飼い主が現われるのを待っているのです。聴覚障害者の耳代わりになる犬の調教訓練を行っている団体もいくつかあります。無作為繁殖犬の子犬から、成熟した成犬としての器量を見極めるのは困難かもしれませんし、1回の出産で一緒に産まれてきた子犬の間でも、個体差が非常に大きい可能性もあります。被毛の長さや質についても同じことがいえます。

気質テスト

シェルターや救済機関に収容されている犬は、信頼できる家庭の犬に比べて、気質や性向に関してより大きな問題を抱えていると見て間違いありません。具体的には、無作為繁殖犬は、狂暴性、噛みつき、むだ吠え、「マナー」の不良といった潜在的問題を抱えている率が高いということです。

犬種名索引

あ

アイリッシュ・ウォーター・スパニエル
Irish Water Spaniel 216

アイリッシュ・ウルフハウンド
Irish Wolfhound 38

アイリッシュ・セッター
Irish Setter 254

アイリッシュ・テリア
Irish Terrier 140

アイリッシュ・レッド・アンド・ホワイト・セッター
Irish Red-and-white Setter 256

アキタ犬 Japanese Akiata 98

アッフェンピンシャー
Affenpinscher 194

アナトリアン・シェパード・ドッグ
Anatolian Shepherd Dog 316

アフガン・ハウンド
Afghan Hound 42

アメリカン・ウォーター・スパニエル
American Water Spaniel 232

アメリカン・コッカー・スパニエル
American Cocker Spaniel 240

アメリカン・スタッフォードシャー・テリア
American Staffordshire Terrier 184

アメリカン・トイ・テリア
American Toy Terrier 188

アメリカン・フォックスハウンド
American Foxhound 72

アラスカン・マラミュート
Alaskan Malamute 88

イタリアン・グレイハウンド
Italian Greyhound 30

イタリアン・スピノーネ
Italian Spinone 276

イビザン・ハウンド
Ibizan Hound 24

イングリッシュ・コッカー・スパニエル
English Cocker Spaniel 238

イングリッシュ・スプリンガー・スパニエル
English Springer Spaniel 234

イングリッシュ・セッター
English Setter 250

イングリッシュ・トイ・テリア
English Toy Terrier 178

イングリッシュ・フォックスハウンド
English Foxhound 64

イングリッシュ・ポインター
English Pointer 258

ウエスト・ハイランド・ホワイト・テリア
West Highland White Terrier 156

犬種名索引　425

ウェルシュ・スプリンガー・スパニエル
Welsh Springer Spaniel **236**

ウェルシュ・テリア
Welsh Terrier **130**

エアデール・テリア
Airedale Terrier **132**

エストレラ・マウンテンドッグ
Estrela Mountain Dog **334**

大型ミュンスターレンダー
Large Munsterlander **264**

オーストラリアン・キャトル・ドッグ
Australian Cattle Dog **310**

オーストラリアン・シェパード
Australian Shepherd Dog **312**

オーストラリアン・シルキー・テリア
Australian Silky Terrier **136**

オーストラリアン・テリア
Australian Terrier **138**

オールド・イングリッシュ・シープドッグ
Old English Sheepdog **300**

オッターハウンド
Otterhound **68**

か

カーディガン・ウェルシュ・コーギー
Cardigan Welsh Corgi **302**

カーリーコーテッド・レトリーバー
Curly-coated Retriever **218**

カナーン・ドッグ
Canaan Dog **16**

カナディアン・エスキモー犬
Eskimo Dog **90**

キースホンド Keeshond **124**

キャバリア・キング・チャールズ・スパニエル
Cavalier King Charles Spaniel **410**

キング・チャールズ・スパニエル
King Charles Spaniel **408**

グラン・バセー・グリフォン・ヴァンデオン
Grand Basset Griffon Vendéen **58**

グラン・ブルー・ド・ガスコーニュ
Grand Bleu de Grascogne **54**

クランバー・スパニエル
Clumber Spaniel **246**

グリフォン・ブリュッセル
Griffon Bruxellois **204**

グレイハウンド Greyhound **28**

グレート・スイス・マウンテンドッグ
Great Swiss Mountain Dog **342**

グレート・デーン Great Dane **374**

グローネンダール Groenendael **282**

グレン・オブ・イマール・テリア
Glen of Imaal Terrier **146**

ケアン・テリア Cairn Terrier **154**

ケリー・ブルー・テリア
Kerry Blue Terrier **142**

コイケルホンド
Kooikerhondje **228**

ゴードン・セッター
Gordon Setter **252**

ゴールデン・レトリーバー
Golden Retriever **224**

コトン・ド・チュレアール
Coton de Tulear **388**

コモンドール Komondor **318**

さ

サセックス・スパニエル
Sussex Spaniel **244**

サモエド Samoyed **94**

サルーキ Saluki **44**

シー・ズー Shih Tzu **394**

シーリハム・テリア
Sealyham Terrier **166**

シェットランド・シープドッグ
Shetland Sheepdog **296**

シッパーキ Schipperke **122**

柴犬 Shiba Inu **100**

シベリアン・ハスキー
Siberian Husky **92**

シャー・ペイ Shar Pei **376**

ジャーマン・スピッツ
German Spitz **116**

ジャーマン・シェパード・ドッグ
German Shepherd Dog **280**

ジャーマン・ピンシャー
German Pinscher **192**

ジャーマン・ポインター
German Pointers **260**

ジャイアント・シュナウザー
Giant Schnauzer **358**

ジャック・ラッセル・テリア
Jack Russell Terrier **174**

シュナウザー Schnauzer **356**

スウィーディッシュ・ヴァルハウンド
Swedish Vallhund **308**

スウィーディッシュ・ラップフンド
Swedish Lapphund **108**

スカイ・テリア Skye Terrier **158**

スコティッシュ・テリア
Scottish Terrier **160**

スタッフォードシャー・ブル・テリア
Staffordshire Bull Terrier **182**

スタンダード・プードル
Standard Poodle **210**

スタンダード・メキシカン・ヘアレス
Standard Mexican Hairless **20**

スパニッシュ・ウォーター・ドッグ
Spanish Water Dog **214**

スムース・コリー
Smooth Collie **294**

スムース・フォックス・テリア
Smooth Fox Terrier **168**

スローギー Sloughi **46**

セグージョ・イタリアーノ
Segugio Italiano **80**

セント・バーナード
St. Bernard **344**

ソフトコーテッド・ウィートン・テリア
Soft-coated Wheaten Terrier **144**

た

タービュレン Tervueren **288**

ダックスフンド Dachshunds **198**

ダルメシアン Dalmatian **420**

ダンディ・ディンモント・テリア
Dandie Dinmont Terrier **162**

チェサピーク・ベイ・レトリーバー
Chesapeake Bay Retriever **230**

チェスキー・テリア
Czesky Terrier **202**

チェスキー・フォーセク
Czesky Fousek **266**

チベタン・スパニエル
Tibetan Spaniel **400**

チベタン・テリア
Tibetan Terrier 402

チベタン・マスティフ
Tibetan Mastiff 366

チャイニーズ・クレステッド
Chinese Crested 404

チャウチャウ Chow Chow 102

チワワ Chihuahua 412

狆 Japanese Chin 398

ディアハウンド Deerhound 36

ドーベルマン Dobermann 354

ドグ・ド・ボルドー
Dogue De bordeaux 362

な

ナポリタン・マスティフ
Neapolitan Mastiff 364

日本スピッツ Japanese Spitz 96

ニューファンドランド
Newfoundland 348

ノヴァ・スコシア・ダック・
トーリング・レトリーバー
Nova Scotia Duck Tolling Retriever
226

ノーフォーク・テリア
Norfolk Terrier 148

ノーリッチ・テリア
Norwich Terrier 150

ノルウェジアン・エルクハウンド
Norwegian Elkhound 112

ノルウェジアン・ビュードッグ
Norwegian Buhund 110

は

パーソン・ラッセル・テリア
Parson Russell Terrier 172

バーニーズ・マウンテンドッグ
Bernese Mountain Dog 340

バヴェリアン・マウンテン・ハウンド
Bavarian Mountain Hound 82

パグ Pug 406

バセー・ブルー・ド・ガスコーニュ
Basset Bleu de Gascogne 56

バセー・フォーヴ・ド・ブルターニュ
Basset Fauve de Bretagne 62

バセット・ハウンド
Basset Hound 52

バセンジー Basenji 18

ハバネーゼ Havanese 386

パピヨン Papillon 120

ハミルトンシュトーヴァレ
Hamiltonstövare 78

ハリアー Harrier 66

ハンガリアン・ヴィズラ
Hungarian Vizsla 270

ハンガリアン・クーバース
Hungarian Kuvasz 320

ハンガリアン・プーリー
Hungarian Puli **208**

ビアデッド・コリー
Bearded Collie **298**

ビーグル Beagle **70**

ビション・フリーゼ
Bichon Frise **380**

ピレニアン・シープドッグ
Pyrenean Sheepdog **338**

ピレニアン・マウンテンドッグ
Pyrenean Mountain Dog **336**

ファラオ・ハウンド
Pharaoh Hound **22**

フィールド・スパニエル
Field Spaniel **242**

フィニッシュ・スピッツ
Finnish Spitz **104**

フィニッシュ・ラップフンド
Finnish Lapphund **106**

プードル Poodles **416**

ブービエ・デ・フランダース
Bouvier des Flandres **328**

プチ・バセー・グリフォン・ヴァンデオン
Petit Basset Griffon Vendéen **60**

ブラック・アンド・タン・クーンハウンド
Black-and-tan Coonhound **74**

ブラッコ・イタリアーノ
Bracco Italiano **274**

フラットコーテッド・レトリーバー
Flat-coated Retriever **220**

ブラッドハウンド Bloodhound **50**

プラットハウンド Plott Hound **76**

ブリアード Briard 324
ブリタニー Brittany 248
ブル・テリア Bull Terrier 180
ブルドッグ Bulldog 368
ブル・マスティフ Bullmastiff 370
フレンチ・ブルドッグ
French Bulldog 414
ペキニーズ Pekingese 396
ベドリントン・テリア
Bedlington Terrier 164
ベルガマスコ Bergamasco 330

ペンブローク・ウェルシュ・コーギー
Pembroke Welsh Corgi 304
ホイペット Whippet 32
ボースロン Beauceron 326
ボーダー・コリー Border Collie 290
ボーダー・テリア Border Terrier 152
ポーチュギース・ウォーター・ドッグ
Portuguese Water Dog 212
ポーチュギース・シープ・ドッグ
Portuguese Shepherd dog 332

新犬種コンパクト図鑑

2015 年 9 月 1 日 第 1 刷発行
2023 年 5 月 1 日 第 2 刷発行 ©

著　者	ブルース・フォーグル
監修者	福山英也
発行者	森田浩平
発行所	株式会社 緑書房
	〒 103-0004
	東京都中央区東日本橋 3 丁目 4 番 14 号
	ＴＥＬ　03-6833-0560
	https://www.midorishobo.co.jp

日本語版編集　　　川田央恵、糸賀蓉子

ＤＴＰ　　　　　　真興社

落丁・乱丁本は弊社送料負担にてお取り替えいたします。
ISBN978-4-89531-226-4
Printed and bound in China

本書の複写にかかる複製、上映、譲渡、公衆送信(送信可能化を含む)の各権利は株式会社緑書房が管理の委託を受けています。

JCOPY <(一社)出版者著作権管理機構 委託出版物>
本書を無断で複写複製(電子化を含む)することは、著作権法上での例外を除き、禁じられています。本書を複写される場合は、そのつど事前に、(一社)出版者著作権管理機構(電話 03-5244-5088、FAX03-5244-5089、e-mail:info@jcopy.or.jp)の許諾を得てください。また本書を代行業者等の第三者に依頼してスキャンやデジタル化することは、たとえ個人や家庭内での利用であっても一切認められておりません。

カバーデザイン／岡田恵理子
カバー写真／岩崎 昌、小野智光、蜂巣文香

ポーリッシュ・ローランド・シープドッグ Polish Lowland Sheepdog 322

ボクサー Boxer 372

ボストン・テリア Boston Terrier 186

ホフヴァルト Hovawart 350

ポメラニアン Pomeranian 118

ボルゾイ Borzoi 40

ボロネーゼ Bolognese 384

ま

マスティフ Mastiff 360

マリノワ Malinois 286

マルチーズ Maltese 382

マレーマ・シープドッグ Maremma Sheepdog 314

マンチェスター・テリア Manchester Terrier 176

ミニチュア・シュナウザー Miniature Schnauzer 196

ミニチュア・ピンシャー Miniature Pinscher 190

や

ヨークシャー・テリア Yorkshire Terrier 134

ら

ラークノア Laekenois 284

ラーチャー Lurcher 34

ラサ・アプソ Lhasa Apso 392

ラフ・コリー Rough Collie 292

ラブラドール・レトリーバー Labrador Retriever 222

ランカシャー・ヒーラー Lancashire Heeler 306

ルンデ Lundehund 114

レークランド・テリア Lakeland Terrier 128

レオンベルガー Leonberger 346

ローシェン Löwchen 390

ローデシアン・リッジバック Rhodesian Ridgeback 84

ロットワイラー Rottweiler 352

わ

ワイアー・フォックス・テリア Wire Fox Terrier 170

ワイアーヘアード・ポインティング・グリフォン Wire-haired Pointing Griffon 268

ワイマラナー Weimaraner 272